"十四五"普通高等教育本科部委级规划教材

移动端UI设计

房庆丽　主编
李　帅　副主编

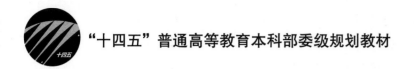

中国纺织出版社有限公司

内 容 提 要

本书主要内容包括绪论，IOS系统与Android系统的设计原则与规范，用户体验要素与需求分析，图标设计，信息架构，原型图设计，界面布局与信息设计，用户界面设计规范的建立，切图、标注及输出和相应的实战训练项目等内容。

本书可作为高等院校艺术设计相关专业的教学用书，也适合具有一定软件操作与设计基础的UI设计初学者与爱好者阅读。

图书在版编目（CIP）数据

移动端 UI 设计 / 房庆丽主编；李帅副主编 . -- 北京：中国纺织出版社有限公司，2022.9

"十四五"普通高等教育本科部委级规划教材

ISBN 978-7-5180-9568-1

Ⅰ . ① 移… Ⅱ . ① 房… ② 李… Ⅲ ① 移动终端—应用程序—程序设计—高等学校—教材 Ⅳ . ① TN929.53

中国版本图书馆 CIP 数据核字（2022）第 092377 号

责任编辑：范雨昕　　责任校对：王花妮　　责任印制：王艳丽

中国纺织出版社有限公司出版发行

地址：北京市朝阳区百子湾东里A407号楼　邮政编码：100124

销售电话：010—87155894　传真：010—87155801

http://www.c-textilep.com

中国纺织出版社天猫旗舰店

官方微博 http://weibo.com/2119887771

三河市宏盛印务有限公司印刷　各地新华书店经销

2022年 9 月第1版第1次印刷

开本：787×1092　1/16　印张：9.5

字数：189千字　定价：58.00元

凡购本书，如有缺页、倒页、脱页，由本社图书营销中心调换

用户界面（UI）设计主要应用于软件、互联网、移动智能设备、游戏和虚拟现实影音等领域。自21世纪初，移动UI开始在国内迅速发展，众多基于智能终端的应用程序已成为人们生活、工作必不可少的重要组成部分。据中国互联网络信息中心（CNNIC）第49次中国互联网络发展状况统计报告，截至2021年末，手机用户总数达16.43亿户，能被监测到的移动端APP的数量为252万款。随着APP的数量陡增，市场对于UI设计师的需求和能力也大幅提升。在互联网技术不断发展的背景下，对于从事移动端的UI设计师而言，设计思维、互联网思维、设计理论、学习能力及沟通能力是一个优秀UI设计师所必备的要素，全栈型、复合型UI设计师是当今人才需求的主流方向。

本书针对互联网企业对UI设计的要求，按照UI设计工作流程，以用户体验为主线，整理出移动端UI设计流程、IOS与Android两大系统的设计规范等基础性知识，系统梳理了用户体验要素与需求分析的UI设计必要性知识；精练了图标设计与界面布局、信息设计的设计理论，较为详细地阐述了信息架构与原型图设计的交互技巧。本书涵盖产品开发、用户体验、用户研究、产品架构、视觉设计等多方面内容，基本可满足初学者或有一定设计经验的UI设计爱好者的需求。同时，本书还针对各部分知识点设置了相应的思考题和实战题，供读者在实践过程中加深对UI设计全流程的了解。

UI设计涉及的学科与技术领域非常广泛，考虑到实际教学课时所限，本书并未列入软件操作、色彩搭配、版式设计、构成法则等内容。另外，考虑到大部分学习移动端UI设计的读者已具备必要的设计基础知识与软件操作能力，因此书中介绍的内容仅限于移动端UI设计的相关知识。希望这本书能给UI设计爱好者和从业者带来一定帮助。

本书在写作过程中得到上工富怡智能制造（天津）有限公司李帅、舒普智能技术股份有限公司毛旭东、杰克科技股份有限公司胡文海以及服务于多家上市公司的高级UI设计师何平等的帮助和设计支持，在此深表感谢！由于编者专业及水平有限，书中不足之处在所难免，敬请广大读者批评指正！

房庆丽

2022年3月

目 录

第一章　绪论

第一节　用户界面与移动端用户界面设计

一、用户界面设计的含义

用户界面（user interface，UI）设计是指对软件的人机交互、操作逻辑、界面美观的整体设计，泛指用户的操作界面设计，包含移动端UI设计，如手机系统界面、APP应用界面、平板电脑界面及智能手表界面设计等；PC端UI设计，主要指用户计算机界面设计，包括系统界面设计、软件界面设计、网站界面设计；还包括其他终端UI设计，如智能电视（图1-1）、车载系统、ATM机、机床设备（图1-2）等用户界面设计。用户界面设计，从字面上看是由用户与界面两个部分组成，这两个部分就构成了UI设计研究的主要内容，也就是通过研究、分析用户，设计用户与界面之间良好的交互关系，实现软件优质的应用价值。

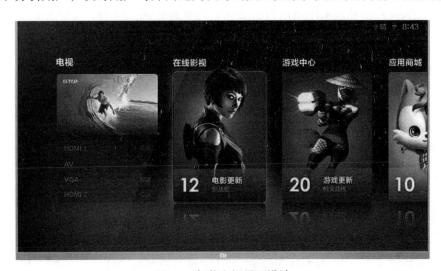

图1-1　智能电视界面设计

图片来源：搜狐网　https://www.sohu.com//a/35984616_184834

为了更好地理解UI设计，我们可以从以下三个方面来分析。

第一，UI是指人与信息交互的媒介，是产品信息与功能的载体，是用户获取产品信息、功能与服务的操作平台。从物理表现层面上来看，UI以视觉可见的界面形式存在，强调视觉元素图形、图标（icon）、色彩、文字的组织和呈现，通过对界面功能的隐喻设计为用户提供可操作的系统平台，引导用户完成操作。作为人机交互基础层面的用户界面，其UI的设计

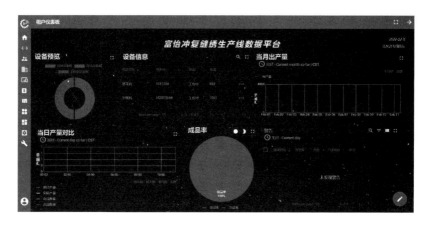

图1-2 机床设备数据可视化UI设计

不仅要视觉表现精美，更要求可以方便快捷地操作，以符合用户的认知和行为习惯。

第二，UI承载了信息的采集与反馈、输入与输出的功能，这是基于界面产生的人与产品的交互行为。在这一层面，UI可以理解为用户交互，也是界面产生和存在的意义所在。

第三，UI的高级形态可以理解为user invisible。站在用户角度来看，在这一层面的UI是"不可见的"，这并非指视觉上的不可见，而是让用户通过界面与系统自然地交互，沉浸在他们喜欢的内容和操作中，忘记界面的存在。想要达到这种无意识的UI状态，需要设计师更多地研究用户心理和用户行为，以用户为中心进行界面结构、行为、视觉等层面的设计。在大数据背景下，信息空间中的交互行为将会变得更加自由、自然，并无处不在。

二、UI 设计的范畴

UI设计的范畴主要包含用户研究、交互设计、界面设计三个方面。

1. 用户研究

用户研究是设计师工作流程中的首先要做的功课，它可以帮助人们定义目标用户群，分析用户知觉特征与认知心理特征，从而明确UI设计方向，最重要的是可以让我们的设计与用户需求、商业目标相匹配，让界面设计更符合用户的使用习惯、认知经验和价值期待。用户研究的重点在于研究用户的痛点，包括前期用户调查、需求分析、情景实验等。

2. 交互设计

在实际的设计工作中，为更好地体现以用户为中心的设计理念，UI设计师还要研究应用软件的树形结构、操作规范，分析软件的具体操作流程。这些虽然是交互设计师的工作内容，但对于UI 设计师来讲，人与界面交互过程中的合理性与界面设计的美观性都会直接影响用户的操作体验。

3. 界面设计

界面设计研究的是如何对软件进行包装，设计师利用创意和设计对人与机器交互的操作平台进行整体设计，使其拥有良好的视觉感受。好的界面设计能在短时间内抓住用户眼球，通过展示用户感兴趣的信息刺激用户进行下一步的操作。在这里界面设计不是单纯的视觉美化，它更需要定位用户、熟悉使用场景、理解操作方式，是科学与艺术相融合的设计。

三、移动端 UI 的含义

移动端UI是建立在UI概念之上的，是指移动数字终端的系统界面与应用界面，主要以文字、色彩、图片、控件、视频等方式展示信息和进行人机交互。当前，移动数字媒体的主要载体以智能手机和平板电脑为主，在其终端运行的各种平台软件及相关应用的用户界面，便是移动端UI。随着互联网和信息技术的飞速发展，产品设计也由物质设计向非物质设计转变，移动设备上的各种应用软件已成为现今产品设计的主流，也是互联网市场需求量最大的产品，如常用的微信、抖音、QQ、支付宝、美团、今日头条、快手、王者荣耀等手机APP（application）软件，都是互联网时代的热门产品。其中APP、微信小程序、Web网站都是移动时代特有的代表性产品，当然除了这些人们常用产品的用户界面外，还有借助移动通信网络进行个人信息处理的移动平台上的其他产品，如导航仪、记录仪、可穿戴设备等，这些数字产品的界面设计都已经趋向专业化与规范化。在这里我们需要把PC端的用户界面和移动端的用户界面区别开，虽然二者同是用户界面，但在屏幕尺寸、导航方式、界面布局、操作方式、使用场景等有许多不同之处，我们将会在移动端UI设计的特点中理解二者的区别。

四、UI 行业常用缩写名词与工作内容

1. UI

UI（user interface）的本意是用户界面。UI通常用作用户界面的简称，泛指人与机器进行交互的操作界面。UI设计是指对软件的人机交互、操作逻辑、界面美观的整体设计。UI设计师将以用户为中心、围绕用户的使用环境与使用方式，将科学性与艺术性融入产品的界面设计中。UI设计师主要负责软件界面的美术设计、创意工作和制作工作；根据各种相关软件的用户群，提出构思新颖、有高度吸引力的创意设计；对页面进行优化，使用户操作更趋于人性化等工作。

2. GUI

GUI（graphics user interface），是指图形用户界面，一种全屏幕图形界面，用户通过点击设备（如鼠标）操纵图形的屏幕元素。在图形用户界面，用户看到和操作的都是图形对象，应用的是计算机图形学的技术。GUI便捷、准确，实用性很强，主要功能是实现人与计算机等电子设备的人机交互，其应用领域很广泛，例如手机移动产品、计算机操作平台、数码产品等，GUI设计包括PC端的web user interface和移动端user interface设计。

3. WUI

WUI（web user interface），是指网页用户界面。WUI设计与常见网站建设的区别是：WUI注重人与网站的互动和体验，以人为中心进行设计；传统网站是以功能为中心进行设计的。在PC端从事网页设计的人被称为WUI设计师或者网页设计师。

4. PM

PM（product manager），是指产品经理，是企业中专门负责产品管理的职位，产品经理负责调查收集需求、整理需求，并根据用户的需求，确定开发何种产品，选择何种技术、商

业模式等，并推动相应产品的开发组织。此外，还要根据产品的生命周期，协调研发设计、营销、测试还有运营等，确定和组织实施相应的产品策略以及其他一系列相关的产品管理活动。最终产出低保真的原型说明文档（也就是线框图）表达产品的流程、逻辑、布局、视觉效果和操作状态等。

5. UE/UXD

UE/UXD（UX designer），是指用户体验设计师，在介绍这个职位之前，我们首先要了解什么是用户体验（user experience），它是指用户使用或参与产品、系统、服务的前、中、后期，所产生的感受与反应，包含用户的情绪、行为、偏好、感受、信仰，生理与心理的反应及相关影响。用户对于系统的主观感受与主观想法也会随着产品的更新迭代而发生变化，系统、用户，还有使用的脉络是影响用户体验的三个要素。用户体验设计师，国内称UE，国外称UX（全栈设计师甚至要懂代码），UX设计师是研究和评估一个系统的用户体验，主要包括该系统的易用性、价值体现、实用性、高效性等。用户在接触产品的时候用户体验就发生了，随着用户深入地使用产品，用户体验也从内部感受逐渐转变成用户的某种需求得到满足的体现，用户体验设计师的工作职责就是通过良好的产品使用体验满足用户需求。

6. IXD

IXD（interaction design），是指交互设计，交互设计简称ID，指的是人和产品的互动设计。相比于界面设计，交互设计致力于解决以人为本的用户需求，主要负责产品是否好用的问题。交互设计师首先进行用户研究，通过理解用户的思维方式和行为习惯，去挖掘用户背后的目标、动机和期望，以目标导向来做设计。然后设计导航和流程，消除产品和用户之间的沟通障碍，让产品变得更为契合用户场景和使用习惯，让用户毫不费力地使用产品，并对用户的操作给予正确的反馈，方便用户继续下一步操作。交互设计师是一个承上启下的职位，交互设计师负责对产品经理的需求文档进行整理及重塑，按产品功能及开发系统平台框架结构，定义信息架构，梳理结构流程、功能拓扑及跳转逻辑顺序，补充开发所需的软件功能细节定义，简洁优化操作流程。

7. UR

UR（user research），是指用户研究，用户研究在理解用户的基础上，通过前期的用户调查与情景实验等来研究用户的痛点，分析用户的行为习惯、认知心理，帮助企业定义产品目标用户群，明确、细化产品概念，使用户的实际需求成为产品设计的导向，设计出更符合用户习惯、经验和期待的产品。

第二节　移动端操作系统分类及UI设计的特点

一、移动端操作系统分类

移动终端设备从广义上来讲，包括手机、笔记本电脑、平板电脑、POS机、车载电脑，但通常情况下指智能手机和平板电脑。智能手机与平板电脑都具有独立的操作系统，常见的有IOS（苹果）、Android（安卓）和微软的Windows Phone系统。

IOS是由苹果公司开发的移动操作系统。2007年1月9日苹果公司在Mac world大会上公布这个系统，最初是设计给iPhone使用的，后来陆续套用到iPod touch、iPad上。IOS与苹果的macOS操作系统一样，属于类Unix的商业操作系统。原本这个系统名为iPhone OS，因为iPad、iPhone、iPod touch都使用了iPhone OS，所以在2010年苹果全球开发者大会上宣布改名为IOS。

安卓（Android）由美国Google公司和开放手机联盟领导及开发的移动操作系统。它是一种基于Linux内核（不包含GNU组件）的自由及开放源代码的操作系统，主要应用于智能手机和平板电脑等移动设备。

Windows Phone（WP）是微软于2010年10月21日正式发布的一款手机操作系统，初始版本命名为Windows Phone 7.0。基于Windows CE内核，采用一种称为Metro的用户界面（UI），并将微软旗下的Xbox Live游戏、Xbox Music音乐与独特的视频体验集成至手机中。Windows Phone的后续系统是Windows 10 Mobile。Windows Phone具有桌面定制、图标拖拽、滑动控制等一系列前卫的操作体验。

随着移动设备的升级换代，智能手机、平板电脑等移动端设备成为大家获取信息的重要渠道，同时应用软件的更新迭代，更是给消费者提供了丰富多样的移动服务。用户可根据自己的需要自行安装第三方服务商提供的应用程序，也就是人们用到的APP，因此，现在移动端UI设计的主要对象便是应用软件。

任何一个富有个性和品位的APP都需要一个优秀的界面设计，它能够提升软件的操作体验，让操作变得更舒适、简单、自由，充分体现软件的定位与特点，APP的界面设计被提升到了一个新的高度。本书所涉及的移动UI设计对象主要是针对市场上流行的IOS（苹果）和Android（安卓）系统的智能手机中的APP，这两种操作系统分别对应了不同的移动设备型号和屏幕分辨率，认识与掌握两大系统智能手机的分辨率与系统设计规范是我们进行移动端UI设计的开始。

1. 手机屏幕分辨率

分辨率是屏幕物理像素的总和，是指显示器所能显示的像素量。手机分辨率和屏幕的大小没有关系，在相同屏幕尺寸的显示器中，显示的像素越多，所显示的画面就越精细，所以手机分辨率并不是指屏幕大小。如IOS通过坐标系在屏幕上放置内容，该坐标系以点为测量单位，这些点映射到显示器中以像素表示。在一个标准分辨率的屏幕中，1点（pt）等于一个像素（px），点的密度越高，屏幕的分辨率就会越高，因为在相同的物理空间内有了更多数量的总像素，所以平均每点有了更多的像素。因此，高分辨率的显示屏需要像素更多的图片。假设你有一张标准分辨率（@1x）的图片，它的分辨率为100px×100px。那么，这张图片的@2x版本就是200px×200px，@3x版本就是300px×300px，使用点的概念可以用来统一不同设备屏幕下显示的肉眼感受到的视觉大小。

例如：10点×10点的蓝色图片在@1x的屏幕上显示就是10px×10px，10点×10点的蓝色图片要想在@2x的屏幕上显示出同@1x的屏幕上的视觉大小效果，就需要更多像素的20px×20px灰图，同样，10点×10点的蓝色图片要想在@3x的屏幕上显示出同@1x的屏幕上的视觉大小效果，就需要更多像素的30px×30px灰图，如图1-3所示。

目前已经没有人使用@1x屏幕的手机了，我们只需要关注@2x和@3x屏幕的手机尺寸规范。在设计中，我们通常用@2x的屏幕尺寸做效果图，将像素追加到1.5倍来适配@3x屏幕，如图1-4与图1-5所示。

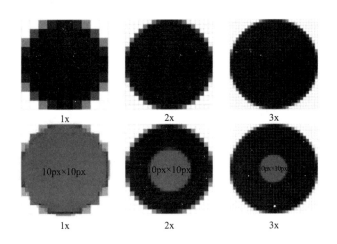

图1-3 10点×10点的灰色图片

图片来源：虎嗅网 https://www.huxiu.com//article/381246.html?f=member_collections

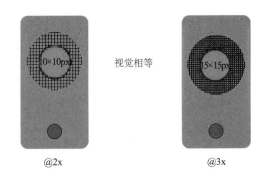

图1-4 灰色图片在@2x和@3x屏幕上的应用效果

图1-5 适配@3x屏幕

2. 常见手机屏幕分辨率

目前市面上手机型号种类很多，IOS系统与Android系统手机常见的屏幕尺寸见表1-1、表1-2。

表1-1 iPhone手机型号屏幕尺寸

型号	分辨率/像素	屏幕尺寸/英寸	倍数
iPhone 5S/5C	640 × 1136	4	@2x
iPhone 6/6S	750 × 1334	4.7	@2x
iPhone 6 Plus	1242 × 2208（1080 × 1920）	5.5	@3x
iPhone 7	750 × 1334	4.7	@2x
iPhone 7 Plus	1242 × 2208 （1080 × 1920）	5.5	@3x
iPhone 8	750 × 1334	4.7	@2x
iPhone 8 Plus	1242 × 2208	5.5	@3x
iPhone X	1125 × 2436	5.8	@3x
iPhone XS	1125 × 2436	5.8	@3x
iPhone XS Max	1242 × 2688	6.5	@3x
iPhone XR	828 × 1792	6.1	@2x
iPhone 11	828 × 1792	6.1	@2x
iPhone 11 Pro	1125 × 2436	5.8	@3x
iPhone 11 Pro Max	1242 × 2688	6.5	@3x
iPhone 12 mini	1080 × 2340	5.4	@3x
iPhone 12	1170 × 2532	6.1	@3x
iPhone 12 Pro	1170 × 2532	6.1	@3x
iPhone 12 Pro Max	2778 × 1284	6.7	@3x

表1-2 Android手机型号屏幕尺寸（华为手机型号）

型号	分辨率/像素	屏幕尺寸/英寸	倍数
P40 Pro+	1200 × 2640	6.58	@3x
P40 Pro	1200 × 2640	6.58	@3x
Nova 5i	1080 × 2310	6.4	@3x
Nova5（5,5Pro）	1080 × 2340	6.39	@3x
Nova 4e	1080 × 2312	6.15	@3x
Nova 4	1080 × 2310	6.4	@3x
Nova 3i	1080 × 2340	6.3	@3x
Mate30 Pro	1176 × 2400	6.53	@3x
Mate30	1080 × 2340	6.62	@3x

二、移动端 UI 设计的特点

1. 屏幕小，屏幕尺寸多样

不同于PC端的大屏幕可以尽情展示信息内容，手持设备屏幕小，每次只能显示一个窗

7

口，展示的信息少，在设计时需尽可能地减少装饰，多展示信息，不浪费空间，充分利用色彩、布局、图形、文字、控件等元素做到精简设计。因手机屏幕尺寸多样，需考虑产品适配的问题。

2. 指尖导航，控件留白大

手机界面主要以手指点击进行操作，而非鼠标，因此要留有足够的点击热区，确保不同控件间有合适的留白区域，以便用户点击。食指点击目标尺寸是44像素×44像素，拇指是72像素×72像素，将点击目标尺寸控制在7~10mm之间，是手指点击的最佳区域，这样既能保证手指将目标覆盖，又能在点击目标时清晰地看到点击后的反馈。

3. 布局直观，重点突出

手机界面布局中常用到列表式、网格式、图表式、抽屉式等布局，都是为了直观地展示信息内容，突出重点为目的，如图1-6所示。

4. 功能易操作，层级清晰，输入要求低

主要功能放在用户易发现的位置，且操作简单直接，以最少的点击次数获得及时反馈，用户无须思考，如图1-7所示。简单明了的界面结构与清晰易理解的导航设计及应用程序的层级控制，都是层级清晰的体现，需注意的是应用程序的层级不要超过3个，层级之间的跳转也不要复杂。由于手机键盘区域小且密集，输入困难的同时还易引起输入错误，因此尽量减少用户输入，考虑使用手机传感器输入或转化输入形式，简化输入选项，变填空位为选择，如图1-8所示。

5. 碎片化时间，随时随地获取信息

对于时刻都在忙碌的现代人，可以在不受时间和地点的制约下通过手机获取信息。手机端获取信息都是在闲暇、乘车、走路等碎片化时间段，而非整段时间，因此要求文字描述必须简短，方便用户随时随地获取信息。

6. 集成手势与丰富的传感器

手机常用的交互方式包括点击、双击、滑动、下拉（刷新）、下拉（加载）、长按、拖拽、两指缩放、两指下拉、摇一摇等。智能手机最大的优势是含有种类繁多的传感器，如摄像头、麦克风、GPS、电子罗盘、重力感应、三轴陀螺仪、加速度、光线、距离、气压传感器等。传感器是一种检测装置，能感受到被测量的信息，并能将检测感受到的信息，按一定规律变换成为电信号或其他所需形式的信息输出，以满足信息的传输、处理、存储、显示、记录和控制等要求。

基于以上移动端UI设计的特点，我们在进行界面设计时，就要充分考虑手机所带来的限制与优势，遵循以用户为中心的设计理念，依据系统设计规范，打造出感官体验良好，操作简单流畅的用户界面。当然除了满足用户需求外，UI设计还要带

图1-6 界面布局

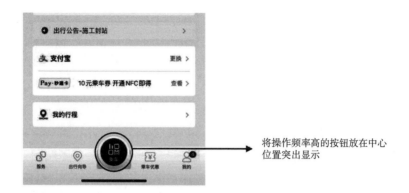

将操作频率高的按钮放在中心位置突出显示

图1-7　主要操作按钮

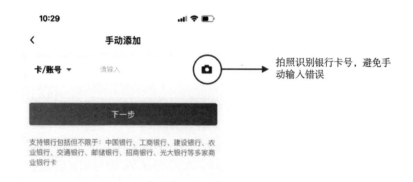

拍照识别银行卡号，避免手动输入错误

图1-8　拍照输入

给用户超出期望的意外之喜。

第三节　移动端UI设计的原则及流程

一、移动端 UI 设计的原则

因手机屏幕尺寸的限制和操作方式的局限性，设计师始终都要坚持"以用户为中心"的设计理念，也就是把用户放在核心位置去思考设计，同时遵循移动端UI的设计原则，让设计形式与产品内容都能满足用户的需求，并提升用户的体验度。移动端UI的设计原则共有以下四点。

1. 内容为王，布局合理

用户所敬重的永远是有品质的真实内容，有内涵的原创内容，能够满足用户需求的内容（产品及解决方案）对用户来说才有价值，只有持续生产有价值的内容才能留住用户，赢得用户的尊重，赢得信任和口碑。同样合理的布局也是产品提升品质留住用户的重要组成部分。产品界面布局合理主要体现在有效地组织信息分类和设计导航结构。充分利用屏幕空间，将内容扩展到整个屏幕，去除不必要的浮雕、边框、渐变、阴影等装饰，划分信息层级，合理布局，保证内容的主体地位，以简洁清晰的UI形式直观地展现内容。这样布局可以让用户高效、有效地获取内容，真正为用户解决实际需求，对产品逐渐产生信赖感。

2. 突出重点，优化导航

手机的屏幕大小是有限的，如果要在有限的空间表达出所有的信息，一定要突出重点，传达准确，让用户第一眼就看到希望呈现的"最重要的东西"。通过大量留白突出重要的内容和功能，更易于用户理解和打造专注高效的设计风格。不重要的东西，不应该被注意到，就不出现在界面中。倘若信息量很多，则可以把次要的信息量设置在二级页面中或子菜单中。UI色彩通过减少色彩使用数量，以主体色彩、配色、点缀色作为方案配色，可以更好地突出产品重点内容，并使信息内容在界面中越发干净、纯粹，获得一致性的视觉体验。系统字体应确保易读性，实现重点信息突出，同时保持导航交互逻辑清晰，明确指示当前的位置，减少用户错误；使用合适的隐喻让导航内容更容易被用户理解，并且保证每个导航元素（例如icon）都能给予用户正确的引导。清晰简洁且合理的导航设计，可以把内容和产品更多地展现在用户的眼前，增加用户的黏性，增加浏览量，降低跳出率，获得用户的好感，提升回访率。

3. 操作简单，交互友好

坚持以用户体验为设计原则，手机界面美观，功能设置一目了然，操作简单方便易上手，不需要太多培训就可以方便地使用此软件。操作简单体现在UI交互元素与交互行为的一致，减少用户的学习成本。站在用户的角度思考产品，按照用户的使用习惯和认知经验去设计，实现交互友好，体验度高的UI设计。也就是产品把控制权和自由交给用户，让用户感觉自己就是系统的主人，是操作的发起者，而不是响应者。友好的界面能做的任何事情是尽量让用户的工作更轻松。此外，还应避免使用过程中的意外中断或任何未被用户提示的事情发生，产品提供的信息内容是让用户更容易识别而不是用来记忆的。

4. 理解用户，设计有爱

虽然手机的屏幕越来越大，但是当内容在移动端设备上呈现的时候，依然要保证每屏只执行一个特定的任务，不要堆积太多的、跨流程的内容，此时需要让用户了解他们在操作步骤的每个阶段所发生的事情。虽然在移动端设备上，用户已经习惯了执行多任务，一边看着电影一边聊着天，但也不能让用户迷失在繁复的操作与混乱的场景中。保持内容和界面的简单直观，设计美观，可操作性强，针对每一步的操作都有友好的提示，如一系列的操作需要有一个开始、中间和结束的提示，任务完成时，为用户提供明确的信息反馈和选择，给用户提供一个缓和心情的过程。符合用户习惯，设计出适应多样化的应用场景是理解用户，坚持以用户为核心的UI设计原则。

二、移动端 UI 设计的流程

移动端UI设计是基于移动端产品的界面设计，主要涉及手机APP应用程序与微信小程序的界面设计，其设计流程包括需求分析、原型设计、视觉设计、设计评审、视觉规范、切图标注及最后的设计验证，如图1-9所示。

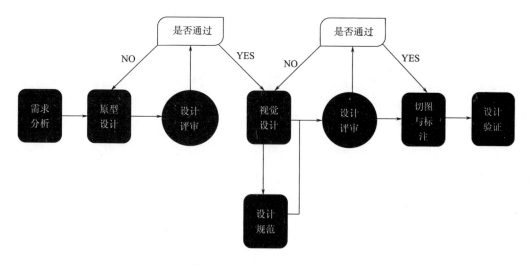

图1-9　移动端UI设计流程图

1. 需求分析阶段

产品立项后的第一阶段是需求分析阶段，先要与产品经理或交互设计师进行沟通，了解产品目标、市场背景、产品定位与概念、用户需求及竞品分析。

2. 原型设计阶段

原型设计用来展示产品内容、结构、交互逻辑及粗略的布局。它是用户体验设计师、PM与产品开发工程师沟通的重要工具。通常情况下，当产品经理将设计好的原型图交由设计评审通过后，就可以进行下一步的视觉设计工作了。

3. 视觉设计阶段

视觉设计是UI设计师最本职的工作内容之一。此环节UI设计师根据原型图做关键界面的整体视觉设计，尝试不同风格、颜色的搭配，合理运用UI元素，做出两版到三版的设计初稿，经设计评审通过后，最终确定产品的视觉设计风格。

4. 切图与标注阶段

在确认全部界面视觉稿以后，应对每个界面进行标注与切图，将整理好的标注与切图文件包移交前端工程师。

5. 验证设计阶段

在开发工作完成后，公司会选择用户群体来试用产品，从视觉效果、用户使用方面进行测试，若没有什么大问题，UI设计的整个工作流程就基本完成了。最后，整体工作完成，产品上线。

三、UI设计基础知识与能力要求及相关软件

1. UI设计基础知识与能力要求

UI设计是需要具备平面设计知识、熟悉IOS与Android系统的设计规范及扎实的UI设计专

业能力。

首先，UI设计要求设计人员必须具有良好的美术功底和平面设计基础，包括草图绘制、版式设计与界面布局、图形设计、配色、信息处理等。

其次，熟悉并掌握IOS与Android系统的设计规范。

最后，根据近几年的UI职位招聘信息总结出来的能力要求，可以把这些能力分为显性技能与隐性能力两部分。显性技能包括：移动端UI设计、网页设计、管理类界面设计、运营视觉、动效设计、商业插画；隐性能力包括：产品思维、交互思维、沟通协作、项目管理、规范认识和审美品位。此外，需要具备接受新事物、创新、学习、改变的挑战能力，增强设计敏锐度与洞察力，如图1-10所示。

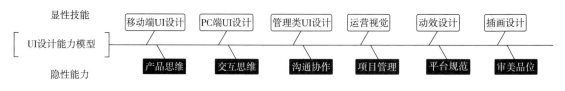

图1-10　UI设计能力模型图

2. UI设计相关软件

学习移动端UI设计所涉及的软件包括：Photoshop、Illustrator、Adobe XD、Sketch、Axure RP、Figma、Xmind、AE、标注与切图软件等，如图1-11所示。

图1-11　UI设计常用工具软件

（1）Photoshop主要用于设计制作产品界面和图标，例如，制作Banner广告页。

（2）AI主要用于设计制作产品中的图标，也可以设计页面中的一些矢量插画。

（3）Adobe XD主要用于设计与原型创建相结合及跨平台协作共享，也可以完成框架图到交互原型的转变。

（4）Sketch是专门为Mac的IOS研发的一款矢量图形绘制软件，可进行界面、图标的设计。

（5）AxureRP是一款专业的快速原型设计工具，主要用于设计制作产品的原型图，线框图和流程图，同时支持多人协作设计和版本控制管理。

（6）Figma是一个基于浏览器的协作式 UI 设计工具，可以完成从设计到原型演示的切换，实现前端协作，付费版可以跨项目共享和更新。

（7）Xmind是一个全功能的思维导图和头脑风暴软件，为激发灵感和创意而生，主要用于产品结构梳理与功能架构。

（8）AE是一款视频剪辑及设计软件，常用于2D和3D合成动画和视觉效果的工具。在UI

设计中用来设计制作交互动效。

四、移动端 UI 设计的学习建议

设计理论的学习与项目实战是学好移动端UI设计的关键。UI设计的应用领域很广，并涉及众多的学科知识，对设计师的能力与技术提出了更高要求。当然，对于UI设计新手而言，积累版式设计、字体设计、色彩搭配、图形设计、图像处理等设计经验是学习移动端UI设计的基础，此外，熟练使用设计工具，坚持专业技能的训练，还要拓宽自己的知识面，保持旺盛的求知欲，不断将学到的知识和技能与学习、工作、生活相结合，提高自己的综合设计能力，在实践中参透UI设计的本质，满足用户高品质的设计需求。本书在每章知识点后面都安排了相应的实战项目，通过实战项目的训练加深对UI设计知识的理解，使初学者在技能与能力方面都可以得到很大的提升。

思考与练习：

1. 什么是UI 设计？
2. 理解移动端UI设计的特点，并下载自己喜欢的APP，列举其界面设计的亮点。
3. 理解"以用户为中心"的UI设计理念与移动端UI 设计的原则。
4. 实战题：虚拟项目发起——新闻资讯类APP概念开发与产品规划。

在项目定位之前，先看看别人是怎么做的，需要对手机产品应用市场中的同类产品或相关产品进行调研；然后分析用户喜欢的产品有哪些，喜欢哪些地方？都有什么特点？最后思考我们的产品是做什么的？为什么要开发这款产品？明确产品的大方向后，再细化产品功能。

（1）项目定位：确定产品定位及核心功能。
（2）项目规划：确定功能需求、用户群体、APP框架、开发流程等产品雏形。

第二章　IOS系统的设计原则与规范

第一节　IOS系统的设计主题及原则

一、概述

IOS系统的设计规范指的是苹果开发者发布在官网上的IOS人机交互指南（IOS human interface guildeline），这份设计指南中包括IOS UI设计基础知识、设计策略、IOS技术、图标与图像设计、UI元素简介五大部分，每部分又细分出很多内容，对设计开发IOS系统APP的工作者来讲，一定要熟悉"UI元素简介"这部分内容。制作规范的目的是让所有安装到IOS系统的APP都要遵从系统特定的视觉性和交互性，以达到风格一致性的使用体验。同时，统一的规范也便于设计人员和开发人员更好地理解IOS系统，并合理地运用系统提供的功能和接口，高效地设计开发应用程序。

IOS作为苹果移动设备iPhone和iPad的操作系统，属于闭源系统。在APP Store的推动下，IOS成为智能设备中主流的操作系统之一。IOS系统在品牌影响力、硬件性能、系统黏性等方面具有一定的优势，具有很强的用户黏性。

二、ISO 系统的设计主题

苹果的目标永远不会改变，做极致的设计，让用户的易用性达到最好。遵从、清晰、深度三大设计主题在IOS人机界面指南中被提到，无论是设计IOS的应用还是Android应用，清晰、遵从、深度三大设计主题始终贯穿于设计过程中，并被设计师所遵循，如图2-1所示。

1. 清晰（clarity）

纵观整个系统，任何尺寸的文字都清晰易读，修饰恰当且微妙的图标精确易懂，聚焦于功能，一切设计由功能而驱动。留白、色彩、字体、图形以及其他界面元素能够巧妙地突出重点内容并且传达可交互性。

在IOS人机界面交互指南中多次强调 "以内容为核心"的设计理念，即内容是在界面中处于首要位置，设计应以内容为核心而展开。内容的设计应直观易读，能对用户产生实质性的帮助。如何保证UI设计的清晰，设计时应注意以下方面：

（1）使用大面积留白。

（2）让颜色简化UI。

（3）使用系统字体确保易读性。

（4）使用无边框的按钮［默认情况下，所有栏（bar）上的按钮都是无边框的］。

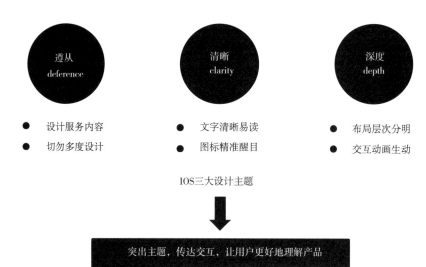

IOS三大设计主题

突出主题，传达交互，让用户更好地理解产品

图2-1　IOS系统设计主题

空间大小对于每个人的体验都是一样的，开阔的大空间让人心旷神怡，局促的小空间令人压抑。同样在做UI设计的时候，也要把视觉空间感受考虑进去，不要害怕留白会造成界面空间浪费，因为塞满信息的应用空间会让人目不暇接，眼花缭乱，产生视觉疲劳和心理上的压抑感。留白可以释放一部分界面空间，缓解小而杂的空间产生的局促感和压抑感，让视觉浏览无负担而且更舒服，在舒适的视觉空间中用户才可以专注地获取信息。

在强调意境或者文化阅读类的应用界面中，如图2-2所示，适当加大留白会给用户带来耳目一新的感觉。当我们面对一些信息呈现量较大的页面设计时，就需要借助留白这种优雅的方式来展现，留白不但可以降低用户发现信息的成本，还可以拥有惊艳的视觉效果。

图2-2　《每日故宫》界面设计

除了适当加大留白，合理使用色彩搭配，也可以让UI界面变得清晰美观。控制色彩数量，不要超过三种色彩，确定主色调、辅助色、点缀色，利用色调的统一与色彩间的对比，打造界面和谐有序的色彩关系。

使用系统字体确保易读性，如果IOS提供的苹方字体不能满足视觉特色化的追求，那么可以尝试使用第三方字体。当然，如需嵌入第三方字体，需要安装相应的字体包，应用程序体积也会相应增大几兆甚至十几兆。

2．遵从（deference）

流畅的动效和清爽美观的界面有助于用户理解内容并与之交互，而不会干扰用户。当前内容占据整屏时，半透明和模糊处理能够暗示其他更多的内容。减少使用边框、渐变和阴影让界面尽可能地轻量化，从而突出内容。清楚的视觉层和生动的动效表达了界面的层次结构，赋予界面活力，并有助于用户理解。

在APP Store应用界面中，我们发现它在版式设计上采用以内容为核心的卡片式的布局方式，利用色彩与字体大小对比区分信息结构，采用与IOS系统中其他应用相似的导航和交互方式，从"遵从"这个角度来说，一致性原则得到了充分的体现，使多个应用通过一致性的信息构架方式与交互方式，来减少用户学习的成本，让用户更加关注于内容本身。同样，使用高质量图片卡片式的布局去掉了多余的修饰，反而更吸引用户的眼球，信息传递也更集中有效。

3．深度（depth）

清楚的视觉层和生动的动效表达了层次结构，赋予了活力，并有助于理解。易于发现的且可触发的界面元素能提升体验愉悦感，让用户在成功触发相应功能或者获得更多内容的同时还能掌控当前位置的来龙去脉。当用户浏览内容时，流畅的过渡提供了一种纵深感。

深度（depth）一词则主要体现在信息层次的设计上，以IOS的日历应用为例，当我们在年视图、月视图、周视图界面之间切换时，设计师巧妙运用缩放动画将每一级别的层次做了更好的诠释，一级级的包含关系通过交互动画的表现更容易理解，也会为用户带来不一样的惊喜，如图2-3所示。在UI设计过程中，将静态的设计稿与动态的交互动画配合，这无疑是个两全其美的展示信息层级，是解决某些使用"视觉设计"无法解决的问题的好方法。

纵观 APP Store与APP的日历应用，我们看不到任何附加的装饰，一切布局基于信息功能来完成，我们不得不再次强调这句话，"以功能驱动设计"的重要性，先有功能，再决定如何设计，而不是先决定如何设计，然后添加内容。设计的最终目的是优雅地解决问题，这与当代简约不繁复的设计理念不谋而合。

三、ISO 系统的设计原则

1．美学完整性（aesthetic integrity）

美学完整性代表了一款应用的视觉表象和交互行为与其功能整合的优良程度，且具有较高的审美品位。例如，一款协助用户完成重要任务的应用应该使用不易察觉且不引人注目的图形、标准化控件和可预知的交互行为从而让用户保持专注。反之而言，一款沉浸式体验的应用

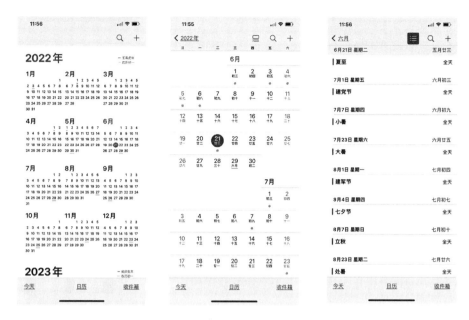

图2-3　IOS系统日历界面设计

（如游戏），就需要吸引人的视觉表象，在鼓励用户探索的同时带来无穷的乐趣和刺激。

2. **一致性**（consistency）

一致性是指产品中的人机交互、操作逻辑、界面设计等基本特征整体上相同或相似。一款内部一致的应用能够贯彻相同的标准和规范：使用系统提供的界面元素、风格统一（众所周知）的图标、标准的字体样式和一致的措辞。此应用所包含的特征和交互行为是符合用户心理预期的。一致性原则是实现以用户为中心的设计理念，提升交互界面好用的重要保障，它通过相似的界面结构、统一的视觉风格和交互行为的一致性，设计出符合用户认知心理的整体界面。

3. **直接操作**（direct manipulation）

对屏幕上的对象直接操作能够提升用户的参与度并有助于理解。直接操作是指包括用户旋转设备或者使用手势控制屏幕上的对象。通过直接操作，他们的交互行为能够得到即时可视的展示效果。

4. **反馈**（feedback）

系统在合理的时间内给用户提供适当的、可感知的反馈。反馈认证用户的交互行为，呈现行为结果，并通知用户。系统自带的IOS应用对每一个用户行为都提供了明确的反馈。如可交互的元素（图标、按钮、开关等）被点击、切换时会呈现高亮状态，如图2-4所示，进度指示器需要长时间运转时，会显示操作进度上的变化，动效和声音加强了对行为结果的提示。

5. **隐喻**（metaphors）

隐喻是指现实世界与虚拟世界之间的映射关系。当一个应用的虚拟对象和行为与用户熟悉的体验相似时——无论这种体验是来源于现实生活还是数字世界，用户都能更快速地学会

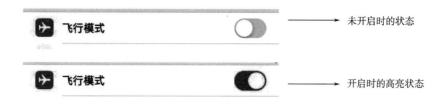

图2-4　按钮状态

使用这款应用。隐喻在IOS中能够起作用是因为用户与屏幕进行物理上的交互。用户通过将视图移出屏幕来显示下方的内容，可以拖曳（drag）和滑动（swipe）对象，拨动（toggle）开关，移动（move）滑块，滚动（scroll）数值选择器，甚至通过轻扫（flick）来翻阅书籍和杂志。

6. **用户控制**（user control）

在IOS内部，是用户在控制，而不是应用在控制。应用程序可以对用户提供一系列的行为建议或对可能造成严重后果的行为发出警告，但不应该替用户做决定。好的应用会让用户很享受在多点触摸屏上直接控制的感觉，让用户在主导和避免不想要的结果中找到平衡。用户通过手势直接控制屏幕上的物体，可以让用户获得更深的沉浸感，也更容易理解此次行为的结果。

第二节　IOS系统的设计规范

熟悉IOS的设计规范，利用IOS系统提供的主题样式，尤其是UI元素的样式来设计APP，能够保证APP应用的交互体验与IOS系统原生应用体验的一致性，用户不需要通过学习就可以使用操作，另外，也便于开发沟通，让程序开发变得更高效、方便且错误率低。

一、界面尺寸

1. 设计稿界面尺寸

从第一章中已了解主流手机屏幕的分辨率，现在我们需要针对IOS系手机分辨率建立设计稿的界面尺寸，iPhone常见设备尺寸有iPhone 5/5C/5S分辨率为640px×1136px，iPhone 6/6S/7/7S分辨率为750px×1334px，iPhone 6 Plus/6S Plus/7 Plus/7S Plus分辨率为1242px×2208px，iPhone X（@3x）分辨率为1125px×2436px，iPhone X（@2x）分辨率为750px×1624px。我们在做设计时通常会使用750px×1334px或750px×1624px做设计稿界面尺寸，如图2-5所示。

不管用哪个尺寸做设计稿，都要注意屏幕适配的问题，通过不同倍率的切图我们的设计稿可以适配@2x屏幕和@3x屏幕。如iPhone 6 Plus/6S Plus/7 Plus/7S Plus和iPhone X采用的是3倍率的分辨率，其他采用的是2倍率的分辨率。当采用750px×1334px的尺寸做设计稿时，直

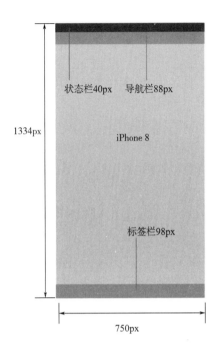
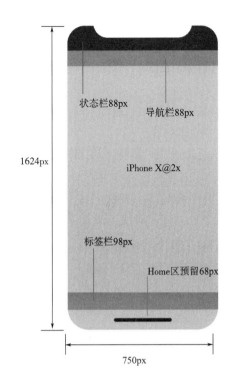

图2-5　iPhone 8 与iPhoneX设计稿尺寸

接输出@2x图，可适配iPhone6/6S/7/7S；当@2x图乘以1.5倍后得到@3x切图，可适配iPhone 6 Plus/6S Plus/7 Plus/7S Plus和iPhone X。只要设计师分别切出@2x和@3x的切片，程序就会根据不同分辨率自动加载@2x或@3x的切片。

　　不同界面设计软件对设计稿尺寸的要求不同，使用Sketch做界面设计时，需建立分辨率为375px×667px的画板，直接导出@2x图与@3x图；如果用PS软件做界面设计，需建立分辨率为750px×1334px的画板，导出@2x图，再乘以1.5倍得到@3x图。

　　当使用750px×1624px尺寸做设计稿时，需要注意屏幕顶部"刘海"区与底部"Hom"区的变化。对于常规的iPhone 8屏幕来说，屏幕内基本都属于安全显示区域（图2-6与图2-7的绿色区域）。但对于iPhone X来讲，由于屏幕上的"刘海"以及底部的"Hom"，意味着多了两个不可显示内容的非安全区域。IOS11给出的非安全区域为屏幕上方的（状态栏部分）88px，顶部的88px非安全区域内不可以出现除状态栏以外的内容；屏幕下方（Hom indicator）68px，下方68px的非安全区域一定不可以放置可点击的按钮，否则会与虚拟的Home键发生交互上的冲突，如果界面底部需要设计交互按钮时，需把按钮安排在距离屏幕底部68px高度之上的位置，如图2-6所示。

　　2. 设计稿页面边距

　　在移动端页面的设计中，简洁美观的页面呈现与边距的设计规范密切相关，人们必须对此有所了解。全局边距是指页面内容到屏幕边缘的距离（图2-7灰色部分），整个应用的界面都应该以此来进行规范，保证页面整体视觉效果的统一。全局边距的设置可以更好地引导用户竖向向下阅读。

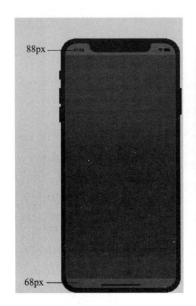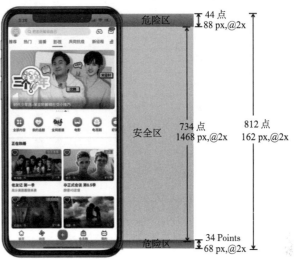

图2-6　iPhone X竖屏 @2x

图2-7　页面内容到屏幕
边缘的距离

在实际应用中应该根据不同的产品气质采用不同的边距，让边距成为界面设计中的一种语言，常用的全局边距有32px、30px、24px、20px，它们有一个特点就是数值全是偶数。以IOS原生态页面为例，"设置"页面和"通用"页面都是使用的30px的边距，如图2-8所示。

在支付宝和微信中，界面的边距分别是24px和20px，如图2-9所示。

通常左右边距最小为20px，这样的距离可以展示更多的内容，不建议设计得比20px还小，否则就会使界面内容过于拥挤，给用户的浏览带来视觉负担。30px是非常舒服的距离，是绝大多数应用的首选边距。还有一种是不留边距，通常被应用在卡片式布局中的图片通栏显示，如图2-10所示。这种图片通栏显示的设置方式，更容易让用户将注意力集中到每个图文的内容本身，其视觉流在向下浏览时因为没有留白的引导被图片直接割裂，造成在图片上停留更长时间。

二、界面元素

大多数的IOS应用使用了来自UIKIT的部件，这是一个定义了基本界面元素的编程框架。它让各种应用在视觉上达到一致的同时还提供了高度的个性化。UIKIT元素是灵活且常见的也是可适配的，是一个在任何IOS设备上都看起来很棒的应用，而且能够在系统发布新版本的时候自动更新。由UIKIT提供的界面元素可以分为三种：栏（bar）、视图（view）和控件

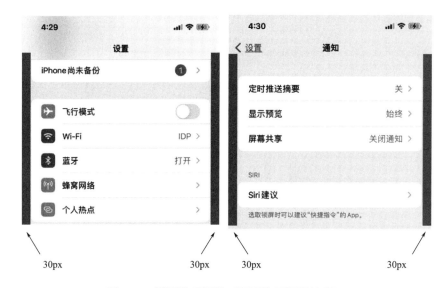

图2-8 "设置"页面和"通用"页面的边距

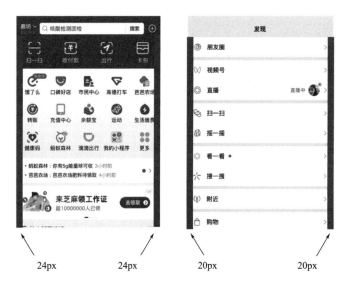

图2-9 微信和支付宝中的边距

图2-10 图虫APP中的卡片布局

（widget）。

（一）栏（bar）

告知用户现在位于应用的哪个位置，提供导航。

栏里面还可能包含按钮或其他用来触发功能和交流信息的元素。

栏包括状态栏（status bar）、导航栏（navigation bar）、搜索栏（search bars）、主标签栏（tab bar）、底部工具栏（tool bar）。

1. 状态栏（status bar）

从手机顶端往下逐步认识关于栏的设计规范，首先是状态栏，如图2-11所示。在iPhone8

中，状态栏尺寸为750px×40px，iPhoneX的尺寸为750px×88px。

状态栏位于手机屏幕的顶端，显示与设备当前状态相关的有用信息，如时间、运营商、网络状态以及电池容量。状态栏上所显示的信息会根据不同的系统设置有所变化。

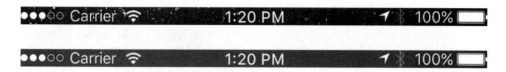

图2-11 IOS界面中的状态栏（status bar）

在进行APP的设计时必须使用系统提供的状态栏，千万不要用自定义的状态栏替换掉它，因为用户不希望在IOS系统内部看到不一致的状态栏。既然不能使用自定义状态栏，我们可以根据APP的配色选择相应的状态栏背景色彩，使状态栏背景色彩与APP的配色相协调，如在APP设计中状态栏可以统一使用一种配色也可以根据不同的界面风格选择单独的配色。

状态栏中的文本和图标的视觉样式通常有两种样式：明或暗，如浅色的界面上使用暗色系的状态栏，其明度对比强，视觉效果好；同样浅色系的状态栏在深暗色系的界面上视觉显示效果好。在APP设计中，状态栏背景默认是透明的时候，应根据不同深浅的背景色选择或明或暗的文本和图标的视觉样式，这样既能显示下方的内容，又能保证状态栏的可读性，让界面上下有更加通透流畅的空间感，减少对用户的干扰，这里要注意的是在设计时不要在状态栏下方放置看似可交互的内容，如在IOS系统中当人们使用地图时，状态栏呈现半透明状，被状态栏遮盖住的下方内容做了模糊处理。

根据应用场景适时隐藏状态栏。当人们全屏观看电影、浏览图片或沉浸于游戏中时，状态栏的存在会影响用户的使用体验，令他们分心，这时需要暂时隐藏状态栏，暂时隐藏状态栏元素能够提供一个更加沉浸式的体验。需要注意的是，避免永久地隐藏状态栏，在用户需要查看时间或检查网络链接状态时，允许用户可以通过简单、易于发现的手势来重新唤醒被隐藏的状态栏。如果没有重新唤醒的动作，用户就需要退出当前的APP去查看状态栏，会中断当前的应用，带来较差的体验感。如在用户全屏观看视频时，用户只需在屏幕上轻点即可呼出状态栏。

状态栏设计要点如下：

（1）状态栏应始终固定在屏幕顶端。

（2）@2x下状态栏高度为40px。

（3）状态栏中文本与图标样式可设计，背景透明或半透明（70%）。

（4）APP设计中不要自定义状态栏。

（5）根据应用场景适时隐藏状态栏以及所有页面UI。

2. 导航栏（navigation bar）

在iPhone8中，导航栏位于状态栏下方，如图2-12所示，其尺寸为750px×88px，iPhoneX的导航栏尺寸为750px×88px。

图2-12　导航栏高度

导航栏被设置在APP屏幕的顶部，状态栏之下，它能实现在APP中各层级页面间的导航。当进入一个新页面时，导航栏的左侧会出现一个返回按钮，中间会有显示当前页面的名称，导航栏的右侧还有类似编辑或完成按钮的控件，用来管理当前视图的内容，如图2-13所示。

图2-13　导航栏

导航栏的背景可以是透明的，如图2-14、图2-15所示，也可以有一个背景颜色。当前屏幕有键盘时，施加了某手势或是某个视图在调整大小时，导航栏可以被隐藏。在大多数情况下，导航栏内显示当前视图的名称或标题告知了用户所处的环境，告诉用户当前在哪里，在看什么。但是，如果所看内容已经提供了当前环境线索，就可以不用显示当前页的名称，让其空着。例如，携程APP上的很多页面都不会在导航栏上放当前页面名称，但通过内容用户也能够知道自己当前所处的位置，如图2-16所示。

图2-14　视频播放界面中透明的状态栏与导航栏

图2-15　半透明的状态栏与导航栏

图2-16　透明的状态栏与导航栏

　　在全屏显示内容时暂时隐藏导航栏。当用户想要关注内容时，导航栏会令人分心，暂时将导航栏隐藏，为用户提供一个更加沉浸式的体验。如在全屏观看影片或浏览地图时，隐藏导航栏及上面的界面元素。导航栏被隐藏时，还要允许用户通过简单地点击手势唤出导航栏。

导航栏中使用标准的返回按钮，标准的返回按钮已被用户所熟悉，可以便于用户在信息层级中按原路径返回。但是，如果使用了自定义的返回按钮，务必确保这些按钮看起来像是返回按钮，和界面的其他部分元素保持一致，并且在APP内统一使用该自定义按钮。如果用自定义图片替换了系统提供的返回按钮，请同时提供一个自定义遮罩图片。

导航栏设计要点如下。

（1）导航栏是半透明的（70%），位于状态栏下方。

（2）@2x下高度尺寸为88px。

（3）不要自定义导航栏。

（4）避免导航栏内内容过多，空间数目一般不超过5项。

3．**标签栏**（tab bar）

在iPhone 8中，标签栏尺寸为：750px×98px，在iPhone X中导航栏尺寸为：750px×98px。

标签栏出现在APP屏幕底部，提供APP中不同模块间的快速切换。标签栏是半透明的（70%），也可能是纯色背景，当横屏与竖屏的时候都要保持一致的高度，当使用键盘时标签栏会被隐藏，如图2-17所示。

一个标签栏可以包含无数个标签，但其所能容纳的可见的标签数量根据设备大小和横竖屏的模式而有所变化。受水平空间的限制，当某些标签无法被显示时，最后一个可见的标签会变成"更多"，并通过该入口前往其余标签列表的另一屏。一般来说，标签栏用来组织应用程序级别的信息，是扁平化信息层级的好办法，可一次性提供前往多个平级信息类别或模式的途径。如今很多APP标签栏的设计很有创意，与交互动作进行融合，如飞猪旅行APP 中的标签栏设计，如图2-18 ~ 图2-21所示。

图2-17　标签栏

对理解和区分标签栏与工具栏之间的不同十分重要，因为这两种栏都是出现在APP屏幕的底部。标签栏可以让用户在APP的不同部分间快速切换，如时钟APP中的"闹钟""秒表""计时器"。工具栏包含了执行当前视图相关操作的按钮，例如创建项、删除项、添加注释或是拍照。请参阅tool bars。标签栏和工具栏绝不会在同一个视图内同时出现。

工具栏出现在APP屏幕的底部，工具栏尺寸是750px×88px，包含了执行当前视图或包含内容相关操作的按钮，工具栏中的图标尺寸是44 ~60px，工具栏必须包含在当前环境下有意义的常用操作命令，如图2-22所示。工具栏是半透明的，也可能会有纯色背景，当用户不太需要它们时通常会被隐藏。比如用户正在使用浏览器（safari）进行滚动页面的阅读时，为了不打扰用户，工具栏就被隐藏起来了。当用户需要工具栏时，只需点击屏幕底部，工具栏又

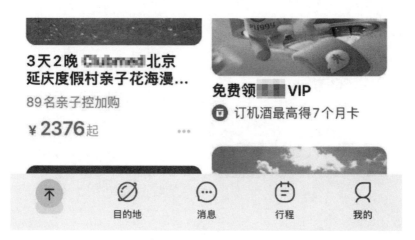

图2-18　飞猪APP中上滑停止时的标签栏首页图标变成置顶图标

图2-19　无滑动时的标签栏

图2-20　向上滑动时的标签栏

图2-21　飞猪APP中无滑动时的标签栏首页图标

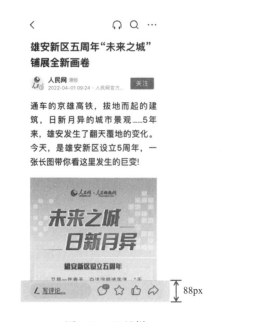

88px

图2-22　工具栏

会再次出现。在当前屏幕使用键盘输入时，工具栏也会被隐藏。

标签栏只能作为导航。标签栏按钮不应该执行其他操作。如果需要在当前视图提供作用于元素的控件，可以使用工具栏。

标签栏设计要点：

（1）标签栏是半透明的（70%），始终出现在屏幕底部。

（2）@2x屏下高度尺寸为98px。

（3）标签栏一次最多承载5个标签，多于5个的图标以列表形式收纳到"更多"里。

（4）标签栏用来组织整个应用层面的信息结构。

（5）标签栏的图标有正负形。

栏的布局与尺寸，如图2-23和表2-1所示。

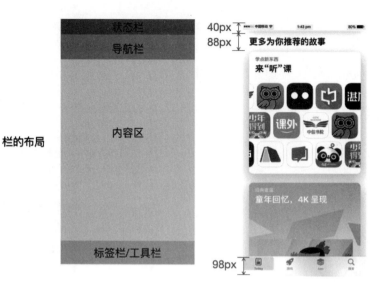

图2-23 栏的布局

表2-1 栏的尺寸

项目	iPhone 6/6S/7/8 @2x	iPhone X@2x
界面/px	750×1334	812×1624
状态栏/px	40	88
导航栏/px	88	88
主标签栏/px	98	98
底部工具栏/px	88	88
内容区距离屏幕左右距离/px	20～30	30～32

（二）视图

视图包含用户在应用内最关注的信息，例如文本、图形、动画和交互元素。视图允许如滚动、插入、删除和排列之类的行为。

视图包括内容视图、H5视图、临时视图，如图2-24所示。

1. 内容视图

内容视图包括列表视图、网格式图、文本视图。

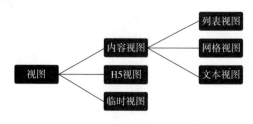

图2-24 视图构成

（1）列表视图（list view）。视图中的列表视图适合展示长文本信息，根据人们的阅读习惯，通常会把重要的内容应该置于左边，次要的放在右边，便于用户阅读与理解相关信息，常用于列表的信息如标题、描述、评论等，列表视图包括短列表和高列表，如图2-25和图2-26所示。

图2-25　短列表

(高度≥88px)

图2-26　高列表

(高度≥168px)

（2）网格视图（grid view）。网格视图适用于文字信息较少，图像层级较为重要的页面，目的是突出图像。用户通常可以一次扫描 4 ~ 6 个视图，主要通过图像确认网格视图信息，可分为通栏、两列、三列，如图2-27所示。

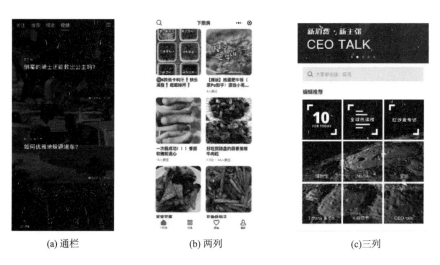

(a) 通栏　　　　　　(b) 两列　　　　　　(c)三列

图2-27　网络视图

　　列表视图和网格视图都可以看成UI设计中的一个组件，都是将图像、标题、评论、位置等元素合理布局来展示页面信息。列表视图通常用于设置页面、多项信息展示页面，不适合用在主页和类别页。网格式图多用在商品详情页面以及需要突出图像信息的页面。总之，页面采用何种视图取决于是否符合用户的心理预期，还要根据页面的目的，考虑用户的使用场景，采用相应的展示形式。

　　（3）文本视图（text view）。文本视图是一个显示多行文本的区域，内容过多时支持滚动浏览，如图2-28所示。

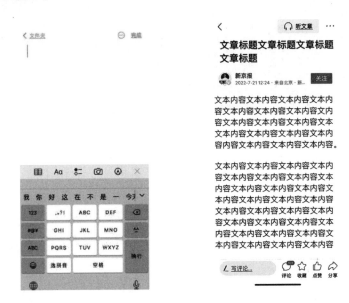

图2-28　文本视图

2．H5视图（html5 view）

　　H5视图是将APP的某些页面当作容器，嵌入html5页面，可以极快地发布更新内容，避免漫长地等待应用版本更新，如淘宝、京东等购物APP中跳出来的红包、优惠券等，如图2-29所示。

3．临时视图

　　临时视图始终保持简单、简短、易聚焦、风格统一的特点，包括模态浮层、操作列表、非模态浮层。

　　模态浮层和非模态浮层最大的区别为是否强制用户交互。

　　模态浮层会打断用户的当前操作流程，强制用户进行弹框中的操作，否则不可以继续使用其他功能。模态浮层是一种获取用户反馈的重量型方式，通常用于需要用户进行重要操作的场景中。模态浮层具有获取用户视觉焦点的优点，但同时也有打断用户进行当前操作的缺点，如图2-30所示。

　　操作列表可以看成是模态浮层的一个加强版，相对于模态浮层两

图2-29　H5视图

个按钮，操作列表可以提供多个样式多变的功能按钮，如图2-31所示。

图2-30　模态浮层　　　　　　　　　　　　　图2-31　操作列表

相对于模态浮层，非模态浮层不强制用户交互，也不会弹出半透明背景层。非模态浮层在页面停留几秒钟后会自行消失。所以与模态浮层相比，非模态浮层属于轻量型反馈，对用户造成的干扰相对较小，如图2-32所示。因停留的时间短容易被用户忽视，也不适合展示过多的信息，为了提升信息的可读性和样式美感，现在非模态浮层都会设计成文字与icon组合的样式。

非模态浮层偏重信息提示，模态弹框既可以信息提示，也可以供用户交互。无论是模态浮层、非模态浮层还是操作列表，都会对用户造成干扰，即使是轻量型的非模态浮层，也会对用户造成影响。从用户体验角度看，用户在进行一个操作流程时，受到的干扰越少越好。因此在建立或优化APP中的临时视图时，努力做到能在界面中展示的信息就不用临时视图，能用非模态浮层的就不要使用模态浮层。

图2-32　非模态浮层

（三）控件

控件是触发功能和传递信息。有系统中的自带控件也有APP开发者自定义的控件，人们每次操作手机时都会接触到。在这里我们要以设计者的角度去熟悉它们，清楚这些控件的视觉特征以及它们所发挥的功能。

控件包括状态反馈类控件、调控类控件、筛选类控件和表单类控件。

1. 状态反馈类控件

（1）活动指示器。活动指示器是为了告知用户当前请求或任务正在进行中，防止用户误操作而将应用程序关闭。当请求或任务正在进行和加载时活动指示器图标旋转，任务完成后自动消失。在APP中需要设计一个与应用的风格协调的活动指示器，如图2-33所示。

图2-33　活动指示器

（2）进度指示器。当一个任务处在明确的进程中，可以使用进度条给用户明确的反馈，尤其是需要明确告诉用户这个任务大约需要多长时间完成的时候。尽量根据APP的风格来设计进度条的外观，如图2-34所示。

图2-34　进度指示器

（3）页码指示器。页面指示器告诉用户一共打开了多少个视图，还有他们当前正处在其中哪一个页面。位于视图的底部边缘或屏幕的底部边缘垂直居中的位置。不建议以此访问不连续的视图，同时应避免显示太多点，超过10个点就很难让用户一目了然，如图2-35所示。

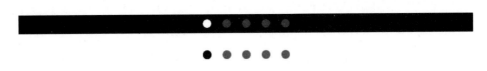

图2-35　页码指示器

（4）刷新指示器。有的刷新指示器看起来像活动指示器，用来执行用户触发的内容刷新。它在默认状态下是不可见的。当进入的APP页面表现自动更新内容时或当用户在内容区上缘往下拖拽来刷新内容时才出现刷新控件，尽量根据APP的风格来设计刷新后的外观，如图2-36所示。

图2-36　刷新指示器

2. 调控类控件

（1）滑块。滑块用来让用户在一个限定范围内调整某个数值或进度。尽量自定义滑块的外观，来适应所在APP的视觉风格，如图2-37所示。

（2）步进器。步进器可以增减当前数值，对数值进行小幅度调整，如图2-38所示。

图2-37　滑块　　　　　　　　　　　　　　　　　　图2-38　步进器

（3）开关。在表格中使用开关按钮来让用户从某一项的两个互斥状态中指定一个，如是/否，开启/关闭。也可以用开关按钮来控制视图中的其他UI元素的出现或者消失、激活状态或者不激活状态，如图2-39所示。

3. 筛选类控件

（1）捡选器。捡选器可以对用户熟悉的序列中的选项以滑轮的形式进行选定。最多并列展示4个独立的滑轮。尽量让用户在当前页面内容中使用捡选器，避免进入另外一个页面进行捡选。如果备选项数量过多，应使用表格而不是捡选器，如图2-40所示。

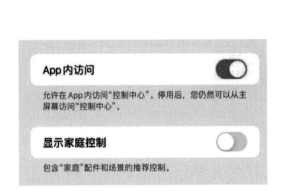

图2-39　开关　　　　　　　　　　　　　　　图2-40　捡选器

（2）分段控件。分段控件由两个或两个以上的分段组成，用来提供密切相关而又互斥的选项。每一个分段的宽度相同，可以包含文字或者图片。为了保证每个分段都容易点击，每个分段的大小有至少44像素×44像素，同时确保控件里自动居中的文本清晰美观，如图2-41所示。

图2-41　分段控件

（3）选项卡。选项卡的功能类似分段控件，是一种在网页和安卓系统中常见的控件。当选项过多时，一般会使用选项卡的形式表现密切而又互斥的分类内容，如图2-42所示。

图2-42　选项卡

4. 表单类控件

（1）文本框。使用文本框可以获取用户输入的少量信息。通过自定义文本框，可以帮助用户更好地理解如何使用它。例如，在文本框中添加示意图标或提示文字，右侧添加功能按钮。如果合适，输入文本后在文本框右内侧出现清除按钮。点击文本框会自动唤醒键盘，也可以根据输入内容的类型来指定不同的键盘类型，如图2-43所示。

图2-43　文本框

（2）单选框。单选框用于在一组密切相关但又互斥的选项中，仅能选择其中一个选项，不能多选。单选框好处是将所有选项罗列出来一目了然，但选项数量不宜过多。该控件在网页和移动端都有广泛的应用，如图2-44所示。

（3）复选框。复选框用于在一组有关联性但内容不同的选项中，单选、多选或不选其中的选项。该控件在网页和移动端都有广泛的应用，如图2–45所示。

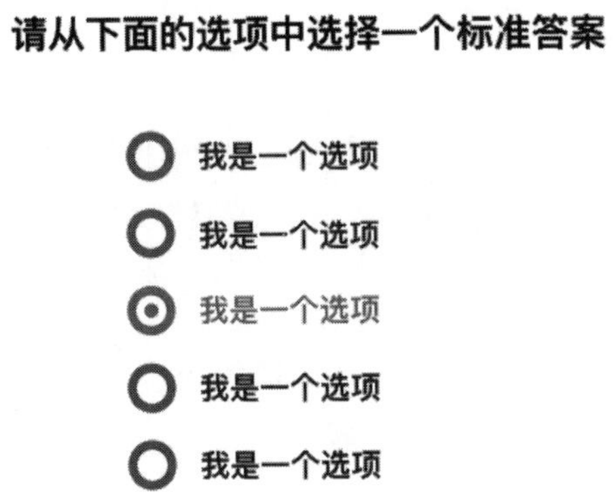

请从下面的选项中选择一个标准答案
我是一个选项
我是一个选项
我是一个选项
我是一个选项
我是一个选项

图2–44　单选框

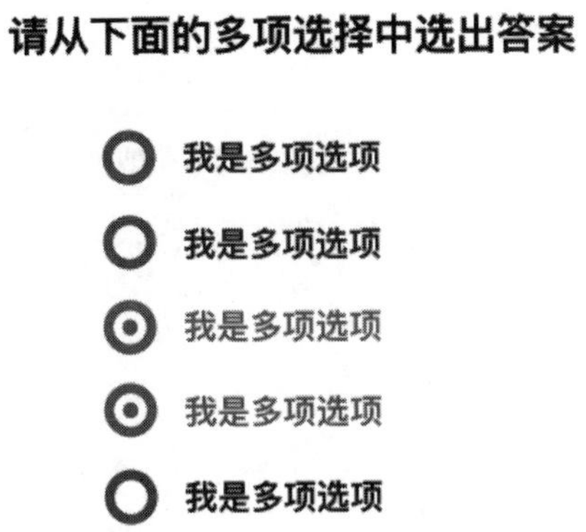

请从下面的多项选择中选出答案
我是多项选项
我是多项选项
我是多项选项
我是多项选项
我是多项选项

图2–45　复选框

（4）下拉框。下拉框的功能类似捡选器，用于从一组互斥的列表选项中，仅能选择其中一个选项。下拉菜单在点击前仅显示选中的选项，隐藏其他无关紧要的列表选项，相当节省界面空间。但要自定义好下拉菜单的样式，例如，列表项的当前选中状态和非选中状态，如图2–46所示。

城市选择
请选择
国家政务服务平台
北京
天津
河北省
山西省
内蒙古自治区
辽宁省
吉林省
黑龙江省

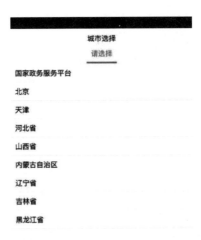

图2–46　下拉框

（5）搜索框。用户通过搜索栏在大量的信息中查找。搜索栏有两种样式：显眼（prominent）（默认）和极简（minimal）。“通讯录”使用了显眼搜索栏，含有引人注目的浅色背景。“照片”使用了极简样式，更好地融入了周边界面。搜索栏默认是半透明的，但也可以被设置成不透明的。有需要时，搜索栏也可以自动遮盖住导航栏。

搜索框含在搜索栏内，该搜索框可以包含占位文本、清除按钮、书签按钮和结果列表按钮。除了搜索框之外，搜索栏内还含有一个退出当前搜索的取消按钮，如图2–47所示。搜索框中清除按钮用于清空输入栏的内容，搜索栏内的取消按钮用于快速退出搜索。

图2-47　搜索框

　　根据搜索功能在APP中的价值来选择合适的搜索栏样式。如果在APP中搜索是个关键功能，那么就要使用默认的、显眼搜索栏样式，如图2-48淘宝显眼模式搜索框设计；如在APP中搜索功能使用频率不高，则使用极简样式，如图2-49所示。

图2-48　淘宝显眼模式搜索框

图2-49　极简模式

　　为方便用户使用搜索功能，可以在搜索栏内提供线索和背景。搜索框可以显示占位文本来提示可搜索的类型，例如"旗袍领上衣春秋"，如图2-50所示。也可以在搜索栏正上方展示一行简明扼要的带有适当标点的文字，用来引导用户。如股票（stocks），就在搜索框上方展示了一行文本告知用户他们可以输入公司名称或股票符号。

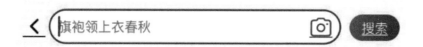

图2-50　搜索框内的占位文本

图2-51　淘宝APP的搜索框

　　考虑在搜索栏下方提供快捷键之类的内容。利用搜索栏下方的区域帮助用户更快地获取内容。例如，使用淘宝APP中的搜索功能进行输入的时候，会在下方展示相关的结果列表，用户可以在列表中点击选择而不用完整输入字符，如图2-51所示。

　　在搜索功能使用频繁的购物APP中，可以添加历史记录和结果列表按钮，提高搜索效率。利用历史搜索记录用户可以快速获得他们再次查找的信息，比如保存的、上一个或最近的搜索记录，如图2-52和图2-53APP中的搜索功能。使用结果列表按钮来暗示搜索结果的存在，并在用户点击按钮时显示这些结果，但用户无法同时展示上述两个图标。

图2-52 淘宝APP历史搜索

图2-53 京东APP搜索历史

三、文字规范

　　IOS系统的规范字体为中文苹方字体（Ping Fang SC）和英文旧金山字体（San Francisco），在IOS 9以上系统和Mac OS X El Capitan系统上使用的都是这款字体，是IOS系统的默认字体。苹方字体是为中国用户量身打造的，具有现代感的造型和清晰易读的屏幕显示效果，同时支持简体中文和繁体中文。我们做APP及UI设计时，应选择高版本的字体去做设计，苹方字体包就是我们必备的一个字体包。

　　苹方字体分为6种字重，分别是苹方黑体常规体、中等、细体、特粗体、特细体、粗体，苹方字体可以很好地满足UI设计师与普通用户的阅读需要，如图2-54所示。

苹方字体　　特细

苹方字体　　细体

苹方字体　　常规

苹方字体　　中等

苹方字体　　粗体

苹方字体　　特粗

图2-54　IOS系统字体

　　APP设计中的常用字体大小：导航栏标题字号为32～36px，标题文字字号为30～32px，内容区文字字号为24～28px，辅助性文字字号为20～24px，如图2-55所示。字号设置也不是绝对的，设计界面时根据自己的设计内容与用户来设定字号，建议不同层级的字号至少差别4px。为方便使用，可将字号整理成易记的形式，如大字号≥34px，内容区字号为28/30px，小字号为24/28 px，常用字号为24～34px。除了字号影响信息传达外，字体颜色（彩色、黑白灰、深浅）与字重（粗、细、中等、常规）也会影响文字层次与阅读。

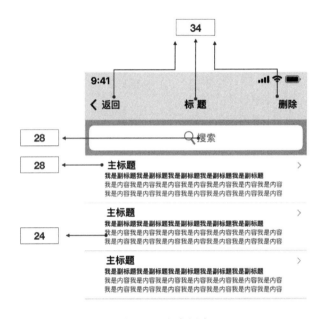

图2-55 文字层次

四、图标规范

（一）常见系统图标

1. **桌面图标**（app icon）

iPhone 6 plus...（@3x）：180px×180px

iPhone 6/7/8...（@2x）：120px×120px

2. **系统设置图标**（settings icon）

iPhone 6 plus...（@3x）：87px×87px

iPhone 6/7/8...（@2x）：58px×58px

3. **系统搜索框图标**（spotlight icon）

iPhone 6 plus...（@3x）：120px×120px

iPhone 6/7/8...（@2x）：80px×80px

（二）应用程序图标

1. **导航栏图标**（toolbars、navigation barsi con）

iPhone 6 plus...（@3x）：66px×66px

iPhone 6/7/8...（@2x）：44px×44px

2．**标签栏图标**（tab bars icon）

iPhone 6 plus（@3x）：75px×75px，最大144px×96px

iPhone 6/5s/5/4s/4（@2x）：50px×50px，最大96px×64px

3．**APP Store 图标**

1024px×1024px，半径160px，（retina屏）

图标按照1024px×1024px的尺寸来设计，然后按照比例缩小调整，只需提交没有高光和直角阴影的方形图标，IOS系统会自动生成圆角效果。

4．**工具栏图标**

图标尺寸：44~60px，建议使用48px。

总结：iPhone 6/7/8图标规范，见表2-2。

表2-2　图标尺寸

项目	iPhone 6/7/8 @2x
状态栏图标	28px×28px
导航栏图标	44px×44px
设置界面图标	58px×58px
工具栏图标	≤60px
桌面图标	120px×120px
APP Store图标	1024px×1024px

思考与练习：

1．熟练掌握IOS系统视觉设计规范。

2．临摹IOS系统界面2~4张，临摹APP界面2~4张。

3．实战题：虚拟项目发起——继续论证新闻资讯类APP概念开发与产品规划。

（1）项目定位：确定产品定位及核心功能。

（2）项目规划：确定功能需求、用户群体、APP框架、开发流程等产品雏形。

（3）产品命名。

第三章　Android系统的设计原则与规范

第一节　Android系统的设计原则与开发

一、Android系统概述

Android（安卓）系统是一个以Linux为基础的开源移动设备操作系统，主要用于智能手机和平板电脑，由成立的开放手持设备联盟（Open Handset Alliance，OHA）领导及开发。Android系统具有开放性和UI设计自由度高、硬件选择丰富等优点，因其开源性，它的源代码可以被公众使用、修改，手机厂商可以在原生系统基础上进行二次开发，打造属于自己的个性化系统，获得众多厂商支持。Android系统还具有超高的自由度和宽广的选择范围，用户可以根据自己的喜好或使用习惯，利用widget桌面插件定制专属桌面和定义系统主题、设置功能应用等。基于Android系统的开放性，众多的手机厂商不断推出新产品，为用户提供了更多的选择。据手机行业数据分析：从2021年中国网民智能手机操作系统使用比例来看，Android系统的占比为89.6%，仍然占据半壁江山；而使用IOS系统的网民也不在少数，占比达到33.1%。

二、Android系统的设计原则

在设计Android系统产品界面时，应以Google的Material Design的核心思想来构建自己产品的设计规范，Material design是一套注重跨平台体验的设计语言，凭借严格细致的设计规范，使它在各个平台具有高度一致的使用体验。Material Design的核心理念是将物理世界的感官体验带进虚拟的界面空间，将现实中的杂质和随机性去掉，保留其最原始纯净的形态、空间关系、变化与过渡，配合虚拟世界的灵活特性，还原最贴近真实的体验，达到简洁与直观的视觉效果。在了解Android系统设计规范之前，以下介绍一下Material Design的设计原则。

（一）运用比喻

Material Design的灵感来自物理世界及其物体的纹理，包括它们反射光线与投射阴影的效果，将材质的物理属性映射于虚拟空间中，实现材质属性的视觉转换，如Material Design中卡片的设计可以进行层叠、合并、分离，同时拥有物理世界中的厚度、惯性和反馈，在此基础上又附着了一些液体的特性，如自由伸展变形；点击屏幕时会给予用户墨水扩散状的交互响应效果。

（二）目的明确

Material Design的目的是通过排版运用空间比例、配色、图像等打造界面空间与层级关

系，突出重点和焦点信息，使观众获得沉浸式的体验感。

（三）动效表意

Material Design通过元素悬浮的视觉效果让用户清晰地感知到当前操作及接下来的操作。转场动画的设计提升了用户体验的整体美感，引导用户做下一步的操作。伴随着用心设计的过渡场景动效，转换后的元素重现于屏幕环境，因交互生成新的转换，这个交互转换过程中的微妙反馈与转场过渡动效打动了我们的用户，并让用户保持有效的关注。

三、Android系统的开发单位与换算

在学习Android系统设计规范前我们需要了解几个重要的单位术语：dp、sp、pt、px、dpi，便于以后我们在IOS系统与Android系统之间进行设计适配。

Android所用的开发单位为：dp和sp。dp是安卓开发用的长度单位，相当于比例换算单位。使用该单位可以保证控件在不同密度的屏幕上按照比例解析显示成相同视觉效果。

sp：Android系统开发用的字体大小单位，与dp类似，也是为了保证文字在不同密度的屏幕上显示相同的效果。

pt（point）：绝对单位，又称逻辑分辨率，常用于软件设计和排版印刷行业。

px（pixels）：像素单位（相对单位），电子屏幕上组成一幅图画或照片的最基本的单元在不同设备（dpi）中的大小不同。

当屏幕密度为MDPI（160dpi）时，1dp=1px，计算公式：dp×dpi/160=px。

例：以720px×1280px（320dpi）为例，1dp×320 dpi/160=2px。

当屏幕密度为MDPI（160dpi）时，1sp=1px，计算公式：sp×dpi/160=px。

例：以720px×1280px（320dpi）为例，1sp×320dpi/160=2px。

dpi（dots per inch）即每英寸点数，指屏幕像素密度。Android系统的手机屏幕尺寸多样，除了物理尺寸不同，屏幕的像素密度（dpi）也不同。

Android系统的逻辑像素单位是dp，与IOS系统中的逻辑像素单位pt表意相同。在160dpi的标准屏幕密度下，1dp=1px；1sp=1px。换算比例和倍数是一样的，见表3-1。

表3-1 px、dp、sp的换算关系

密度	LDPI	MDPI	HDPI	XHDPI	XXHDPI	XXXHDPI
密度数	120	160	240	320	480	640
分辨率	240×320	320×480	480×800	720×1280	1080×1920	3840×2160
倍数关系	0.75X	1X	1.5X	2X	3X	4X
px、dp、sp的换算关系	1dp=1px	1dp=1px	1dp=1.5px	1dp=2px	1dp=3px	1dp=4px
市场占比	…	☆	☆☆	☆☆☆☆	☆☆☆☆☆	☆

由表3-1可知，MDPI、HDPI、XHDPI、XXHDPI、XXXHDPI都是表示的屏幕密度大小，依次数值越大，其分辨率越高。如像素密度为160ppi的屏幕归为mdpi，依此类推。这样，所

有应用Android系统的手机屏幕都可以找到自己的"位置"，并被赋予相应的倍率，如图3-1所示。

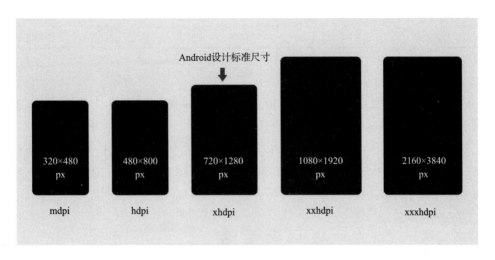

图3-1 Android设计标准尺寸

从表3-1可以发现密度为mdpi的手机产品基本已经绝迹了；密度为hdpi的一些低端手机产品所占市场份额很低；密度为xhdpi的一些中低端机型占有一部分市场份额；密度为xxhdpi的手机产品目前市场份额占比较大；密度为xxxhdpi一些高端机型是目前常见的。综上所述，目前密度为xhdpi、xxhdpi和xxxhdpi的手机产品占有绝大部分的市场份额，而正好它们的逻辑像素都是720px×1280px、1080px×1920px，根据这样的分辨率标准导出@2x、@3x和@4x这3种格式的切图，基本就可以适配市面上绝大部分Android系统的机型了。

第二节 Android系统的设计规范

一、界面尺寸

以前在Android APP设计项目中，最为理想的方式是为不同屏幕分辨率的屏幕去设计一套相应的UI，但是设计成本会增加。随着Android手机屏幕的增大和像素密度的增加，设计师通常用1080px×1920px（xxhdpi）作为设计稿尺寸，适配所需的最小屏幕尺寸。选择1080px×1920px（xxhdpi）这个尺寸作图，图片素材将会增大应用安装包的大小，并且图片尺寸越大所占用的内存也就越高。如果我们只是做一款应用，建议用720px×1280px的画布作图，这个尺寸在720px×1280px的屏幕中显示完美，在1080px×1920px的屏幕中看起来也比较清晰，切图后的图片文件大小也适中，应用的内存消耗也不会过高。表3-2中给出的是720px×1280px和1080px×1920px两个主流设计稿尺寸中的组件尺寸，见表3-2。

表3-2　组件尺寸

分辨率	密度等级	状态栏高度	主操作栏高度	导航栏高度
720px×1280px	xhdpi	50px	96px	96px
1080px×1920px	xxhdpi	72px	144px	150px

二、字体规范

Android系统中英文字体使用过Roboto 5.0，后来采用最新的中文字体为思源黑体（Noto），是Adobe和Google领导开发的开源字体，支持繁简日韩，有7种字体粗细。字体文件有2个名称，source han sans和noto sans CJK。思源黑体有7种字重：淡体（Thin）、特细（Extra-Light）、细体（Light）、标准（Regular）、适中（Medium）、次粗（Demi-Bold）和粗体（Bold）七种，如图3-2所示。

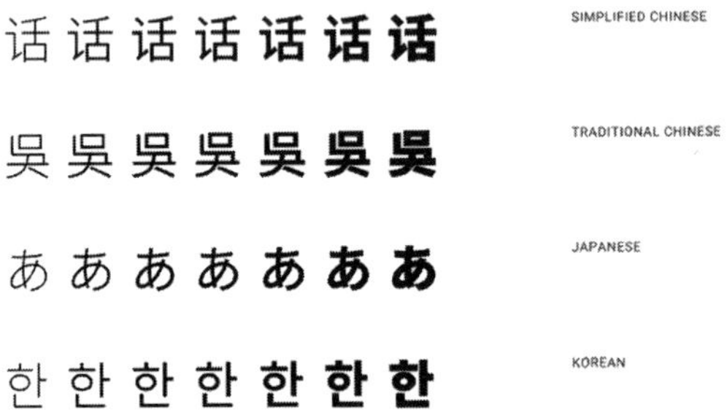

图3-2　思源黑体—繁简日韩

英文字体Roboto有6种字重：淡体（Thin）、细体（Light）、标准（Regular）、适中（Medium）、粗体（Bold）和黑体（Black）。

安卓的字号单位是SP，如图3-3所示。

图3-3　英文字体字重

（一）字体大小

常见的字体大小：24px、26px、28px、30px、32px、34px、36px等。字号均是偶数的，最小字号为20px，见表3-3。

表3-3　常见的字体大小

文字所在区域	导航栏标题	标题文字	内容区域文字	辅助性文字
字体大小/px	32～36	30～32	24～28	20～24

（二）字体颜色

在安卓系统中，字体颜色的设置很少使用某种色号，字体颜色通过控制纯黑或纯白的不透明度来进行显示。

（1）亮色背景上的黑色文本设置原则。

①重要的文本设置为87%的不透明度。

②非重要的文本（视觉层级较低的文本）设置为54%的不透明度。

③提示文本（如输入框和标签里的文字）与禁用文本或者更低视觉层级文本设置为38%的不透明度。

（2）暗色背景上的黑色文本设置原则。

①在黑色背景和有色背景上，重要的文本设置为100%的不透明度。

②次要文本设置为70%的不透明度。

③其他更低视觉层次的文本设置为50%的不透明度。

为了提升阅读的舒适性，长篇幅正文，每行建议60字符（英文）左右。短文本，建议每行30字符（英文）左右。Material Design中依据字号与字重，规定了相应的文字行高，在无特殊要求的情况下，建议使用1.25倍行高。

三、图标规范

安卓系统的图标相对IOS来说较少，主要分为启动图标、操作栏图标、小图标、系统通知图标四类，各类图标设计规范见表3-4。

表3-4　安卓系统各类图标设计规范

屏幕分辨率/px	启动图标/px	操作栏图标/px	小图标/px	系统通知图标/px	最细画笔/px	图标比例
320×480	48×48	32×32	16×16	24×24	不小于2	@1x
480×800	72×72	48×48	24×24	36×36	不小于3	@1.5x
480×854						
540×960						

续表

屏幕分辨率/px	启动图标/px	操作栏图标/px	小图标/px	系统通知图标/px	最细画笔/px	图标比例
720×1280	96×96	64×64（图标区域）48×48	32×32（图标区域）24×24	48×48（图标区域）44×44	不小于4	@2x
1080×1920	144×144	96×96	48×48	72×72	不小于6	@3x
2160×4096	192×192	128×128	64×64	96×96	不小于8	@4x

（一）启动图标

应用在手机屏幕上的启动图标大小根据屏幕分辨率而定，Android系统主屏幕上的启动图标大小是48dp×48dp，应用在Google Play商店中的启动图标大小为512px×512px。启动图标的设计应严格遵循Android系统的整体风格要求，形成统一的视觉效果。因为Android系统设备尺寸较多，启动图标的设计尺寸也各不相同，所以我们只需提供以下几个常见屏幕的尺寸就可以了，如图3-4所示，但是需要根据使用场景提供圆角和直角各一套图标设计稿，设计圆角图标时需要注意不同尺寸圆角图标的大小，见表3-5。

表3-5　启动图标与圆角尺寸

图标尺寸/px	48×48	72×72	96×96	144×144	192×192	512×512
圆角大小/px	8	12	16	24	32	90

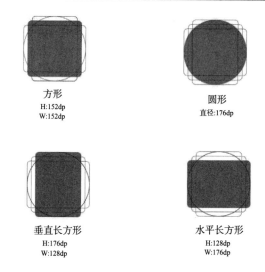

方形
H:152dp
W:152dp

圆形
直径:176dp

垂直长方形
H:176dp
W:128dp

水平长方形
H:128dp
W:176dp

图3-4　启动图标形状

图片来源：android button禁用时字体颜色_UI基础汇总——Android设计尺寸规范_weixin 39636164的博客-CSDN博客
https://blog.csdn.net/weixin_39636164/article/details/112138619

桌面图标建议模仿现实中的折纸效果，通过扁平色彩表现空间和光影，如图3-5所示的桌面图标效果。

图3-5　启动图标

图片来源：重磅教程！帮你全面彻底搞定Material design的学习笔记-it610.com https://www.it610.com//article/5522900.htm

（二）操作栏图标

操作栏中的图标是可以执行重要操作的按钮，每个图标按钮都喻示一个功能，常用在导航栏、工具栏和操作栏中。设计操作栏图标时需要设置安全区域，以320px×480px的屏幕为例，操作栏图标整体大小（含安全区域）为32dp×32dp，图标实际大小为24dp×24dp，外侧区域为安全区域，如图3-6所示。

操作栏图标的样式简单明了，轮廓线粗细不低于2dp。如果图形简单单薄，要将其向左或向右旋转45°。操作栏图标在色值为#333333浅色主题中，可操作状态的色彩不透明度设置为60%，不可操作状态的色彩不透明度设置为30%；操作栏图标在

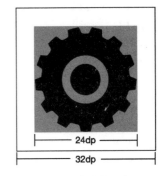

图3-6　操作栏图标

色值为#FFFFFF暗色主题中，可操作状态的色彩不透明度设置为80%，不可操作状态的色彩不透明度设置为30%，如图3-7所示。

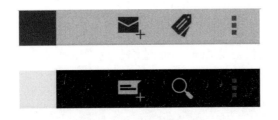

图3-7　操作栏图标样式

（三）小图标

小图标使用在应用程序内部，用来说明一个表面的行为或提供特定的状态。例如，在Gmail应用程序中，每条消息都有一个星形图标来标示此信息的重要性。优先使用Material Design默认图标。小图标因尺寸较小，在样式上追求简练和平面化，不做线性设计，使用中性色彩填充，图形不要带空间感，让图标更容易被注意，明了的视觉隐喻，易被用户认识和理解。设计小图标同样考虑安全区域，在320px×480px的屏幕中，小图标的整体大小为16dp×16dp，而图标的实际大小只有12dp×12dp，如图3-8所示。

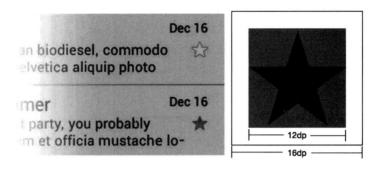

图3-8　320px×480px屏幕中的小图标

在720px×1280px屏幕中小图标尺寸是24dp×24dp。图形限制在中央20dp×20dp区域内。小图标同样有栅格系统。线条、空隙尽量保持2dp宽，圆角半径2dp，如图3-9所示，特殊情况做相应调整。

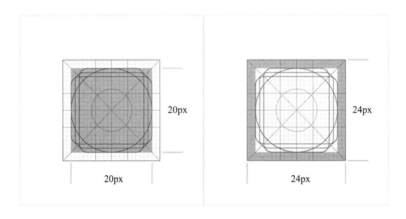

图3-9　720px×1280px屏幕中的小图标

图片来源：重磅教程！帮你全面彻底搞定Material design的学习笔记-it610.com　https://www.it610.com//article/5522900.htm

小图标色彩使用纯黑色与纯白色，通过调整色彩的透明度设置其状态，如图3-10、图3-11所示。

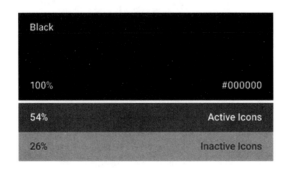

图3-10　黑色背景：[54%正常状态] [26%禁用状态]

图片来源：重磅教程！帮你全面彻底搞定Material design的学习笔记-it610.com　https://www.it610.com//article/5522900.htm

White	
100%	#FFFFFF
100%	Active Icons
30%	Inactive Icons

图3-11　白色背景：[100%正常状态] [30%禁用状态]

图片来源：重磅教程！帮你全面彻底搞定Material design的学习笔记-it610.com

https://www.it610.com//article/5522900.htm

（四）系统通知图标

在320px×480px的屏幕中，系统图标的整体大小为24dp×24dp，如图3-12所示。

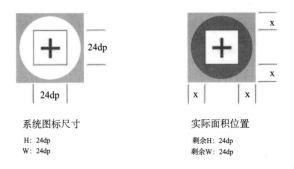

系统图标尺寸

H：24dp
W：24dp

实际面积位置

剩余H：24dp
剩余W：24dp

图3-12　系统图标

图片来源：android button 禁用时字体颜色_UI基础汇总——Android设计尺寸规范weixin_39636164的博客-CSDN博客

https://blog.csdn.net/weixin_39636164/article/details/112138619

四、布局规范

所有可操作元素最小点击区域尺寸为48dp×48dp。

栅格系统的最小单位是8dp，一切距离、尺寸都应该是8dp的整数倍。以下是一些常见的尺寸与距离：

顶部状态栏高度：24dp

Appbar最小高度：56dp

底部导航栏高度：48dp

悬浮按钮尺寸：56dp×56dp/40×40dp

用户头像尺寸：64dp×64dp/40×40dp

小图标点击区域：48dp×48dp

侧边抽屉到屏幕右边的距离：56dp

卡片间距：8dp

分隔线上下留白：8dp

大多元素的留白距离：16dp

屏幕左右对齐基线：16dp

文字左侧对齐基线：72dp

另外，许多尺寸可变的控件，如对话框、菜单等，宽度都可以按56dp的整数倍来设计。设计中遵循8dp栅格的设计倍数，找到适合的尺寸与距离。

（一）720px×1280px屏幕的布局规范

如果想一稿适配IOS系统界面，我们就要新建720px×1280px，分辨率为72像素/英寸的设计稿，也可以直接在IOS的设计稿上做，但要使用安卓的状态栏、导航栏、标签栏。

状态栏高度：50px

导航栏、操作栏高度：96px=48dp×2

标签单栏高度：96px

内容区域高度：1038px（1280-50-96-96=1038），如图3-13所示。

（二）1080px×1920px屏幕的布局规范

如果按照最新的Material Design规范设计界面，应新建1080px×1920px，分辨率为72像素/英寸的设计稿，如图3-14所示。

状态栏高度：72px

导航栏高度：168px

标签栏高度：144px

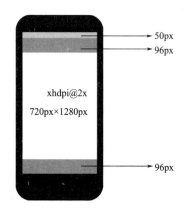

图3-13　720px×1280px屏幕的布局规范

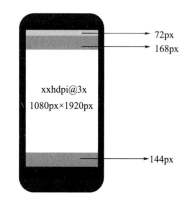

图3-14　1080px×1920px屏幕的布局规范

思考与练习：

1. 熟练掌握安卓系统视觉设计规范。

2. 临摹安卓系统手机界面2~4张，临摹APP界面2~3张。

3．实战题：虚拟项目发起——继续论证新闻资讯类APP概念开发与产品规划

（1）项目定位：确定产品定位及核心功能。

（2）项目规划：确定功能需求、用户群体 、APP框架、开发流程等产品雏形。

（3）产品命名。

（4）确定各个功能点。

第四章 用户体验要素与需求分析

随着国内互联网企业的发展沉淀，"用户体验"模块变得异常重要，成为移动互联网产品中一个很火热的词。如果一款产品的使用体验很差，会导致没有用户愿意继续使用这款产品，也就谈不上用户价值和商业价值了。日趋激烈的市场竞争，让产品人意识到：用户体验是一个产品的核心竞争力，做产品就要重视用户体验。

了解产品需求与分析产品需求是产品开发前期非常重要的工作内容，对我们树立设计目标，规划设计方向，明确设计的重点及对产品后续的进展及方向都产生至关重要的作用。在这个阶段设计师需要参与到产品的讨论及调研中，也可以通过产品经理或者交互设计师了解产品需求的背景、诉求点及产品目标。这些对我们的设计工作有很大的帮助，它可以让设计师清楚为什么这样设计，为谁设计以及产品的使用场景如何。UI设计前的产品需求分析会让我们的设计变得有理有据。

第一节 用户体验

一、什么是用户体验

说到用户体验，我们的第一反应是"用户使用产品时的心理感受"，但这个定义并不全是用户体验的含义。首先是"用户"，在这里用户包括使用者和消费者，比如在教育类产品中，使用教育软件或培训课程的是孩子，而为其付费的是父母。在这里使用者和消费者同是教育类产品的用户，那么我们在谈用户体验的时候就应该覆盖孩子与家长的体验。我们再来看"体验"，用户在使用产品前、中、后的不同阶段都会有一系列的心理活动，从使用前用户通过了解产品相关资料对产品产生第一印象是用户体验的一部分。产品使用过程中，用户对产品流程、功能、交互、页面风格、好用度等是用户体验最重要的部分。产品使用后，用户对产品迭代、维护、技术支持等也是用户体验的一部分。综合起来看，用户体验应该是使用者和消费者在使用产品前、中、后的态度、感受和认知。

二、用户体验要素

根据美国设计师协会执行总监Richard Grefe的《用户体验五要素——以用户为中心的产品设计》里面的理论，影响用户体验的五个要素是产品的战略层、范围层、结构层、框架层、表现层，这五个层面给我们提供了一个基础研究架构，通过这个架构我们来理解用户体验以及如何提升我们产品的用户体验，如图4-1所示。

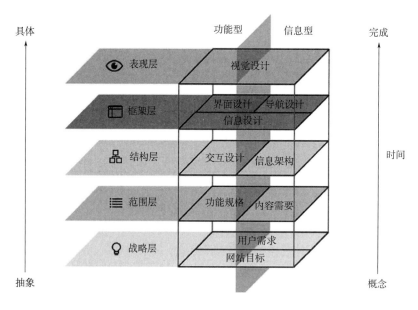

图4-1　用户体验五要素模型

在用户体验五要素模型中，每个层面都是由它下面的层面决定的。位于模型顶端的表现层由框架层来决定，框架层建立在结构层的基础上，结构层的设计基于范围层，范围层是根据战略层来制定的。因此，不管是信息型产品还是功能型产品，都应该做好计划，保证任何一个层面的工作都要在其上面的层面工作完成之后再展开。

（一）战略层

无论是关注任务的功能型产品，还是关注信息的信息型产品，在战略层二者所关心的内容都是一样的，一是用户需求，二是对产品的期望目标或者是商业目标。解决两者之间的冲突，找到平衡点，确定产品的原则和定位，明确我们通过这个产品能得到什么？用户要通过这个产品能得到什么？以手机淘宝为例，淘宝帮助店家把东西卖出去，帮助买家买到想要的东西，它作为第三方协调买家与买家之间的交易和纠纷。买家和卖家都可以通过淘宝满足各自的需求，淘宝也可以赚取买家的流量和卖家的入住费、曝光费、广告费等。所以在产品设计之初，就要有清晰的产品定位和明确的战略目标，这样后续才能有一个良好的发展，才能促进用户体验的确立和制定，为成功的用户体验奠定基础。战略层一方面明确了产品目标和用户目标，另外，也告诉我们以目标为导向的设计方法，也就是为实现目标该如何做、如何高效地去做。

（二）范围层

战略层决定了范围层的内容。带着"我们想要什么？用户想要什么？"的明确目标，我们来到范围层，在这里我们应该提供给用户什么样的内容和功能？例如在手机淘宝网应用中，用户可以查看商品信息、加入购物车、收藏、下单购买、支付等，这些就组成了淘宝网向用户提供功能与内容的范围层。

根据用户需求和产品类型我们推导出产品的内容需求和功能需求，通常内容需求伴随着功能需求。偏信息型的产品需要提供各种信息内容与附着在功能上的信息，偏功能型的产品则要提供产品的功能组合及附着在功能上的信息。如果想在范围层中建立良好的用户体验，产品经理需要在产品设计前认真地进行需求采集和分析工作，确定好内容范围和需求优先级。

（三）结构层

定义好用户需求和排列好优先级别之后，我们对于最终产品的特性已经有了一个清晰的方案。下面我们就将这些分散的需求片段组成一个整体，也就是为产品创建一个概念解构。结构层是一个将需求从抽象转为具象的中间层，这里包含"交互设计"与"信息架构"两个方面，交互设计关注描述"可能的用户行为"，同时定义"系统该如何配合与响应"这些用户行为。信息架构关注的是呈现给用户的信息是否合理并具有意义，它的主要工作是设计组织分类和导航结构，让用户可以高效、有效地浏览产品中的内容。这两个方面都在强调一定要去理解用户，理解用户的工作方式、行为方式和思考方式。

在手机淘宝首页中，通过导航和标签分类引导用户浏览商品，进入商品详情页后，引导用户立即购买或加入购物车。这些信息分类、流程设计及交互按钮的设置，都是在有意地配合与响应用户行为，引导用户进行购买。我们在思考结构层的时候，不但要考虑信息架构是否精简、准确，还要考虑交互是否符合用户习惯。

（四）框架层

在框架层需要更进一步提炼这些结构，确定详细的界面外观、导航和信息设计，比如要考虑有哪些控件、哪些图标文字信息等，这些能让晦涩的结构变得更实在、更具体，也是框架层的设计内容。

界面设计：提供给用户做某些事的能力，将交互设计确定好的结构丰满起来，确定页面中"按钮、输入框、界面控件"的位置。

导航设计：提供给用户去某个地方的能力，将信息架构确定好的结构丰满起来。

信息设计：将想法传达给用户，呈现有效的信息沟通。

框架层中的重点便是"布局"，为了使页面上按钮、表格、照片、文本区域达到最佳的效果和效率，它需要考虑这些元素在页面上的摆放位置，以便用户需要的时候，能够记起哪个按钮在哪个页面。如在手机淘宝购物，新手能够通过页面布局快速记住购物车按钮所在页面与具体位置；对于有丰富购买经验的用户而言，已经将主要页面及布局、关键控件的位置熟记于心了。框架层设计的意义则在于，通过界面设计、导航设计、信息设计，优化设计布局，让用户快速理解、使用产品并记住主要页面，顺利完成业务，降低学习成本。框架层的输出结果是原型设计或PRD产品需求文档。

（五）表现层

表现层是内容、功能和美学汇集到一起的一个最终设计，是用户首先注意到的地方。表现层类似于无交互的高保真原型页面，在完成其他层面所有目标的同时满足用户的感官感受。表现层通过特定的感知进行合理的视觉设计与交互设计，其用户体验主要依赖UI设计师的审美和设计功力，当UI设计师拿到原型图的时候，根据整个系统的风格和内容对页面进行视觉设计和页面优化。

用户体验五要素是产品人必备的知识技能，更是一种产品分析与设计的方法论，理解掌握用户体验五要素可以帮助设计师更好地理解一款产品和从0到1的产生过程。

第二节　用户体验评价体系

用户体验评价具有可测量、可量化、可信且可有效、可持续性的特点，构建用户体验度量体系可以提升产品质量、提高团队效率、强化生态品牌一致性。

目前业界典型的用户体验评价体系有HEART指标体系、和指数、PTECH和云计算软件产品使用体验质量度量模型。

一、HEART 指标体系

HEART指标体系基于PULSE体系，是谷歌公司提出的一套用来评估和提升用户体验的模型。传统的PULSE体系指标多为微观角度的定量分析，例如页面浏览量、7天活跃用户数等，缺乏宏观层面的商业维度指标，且需要结合定性调研去挖掘定量数据背后的原因。因此，结合以往以用户为中心的研究经验，谷歌推出了HEART指标体系。该体系由愉悦感、参与度、接受度、留存率和任务完成率五个宏观维度组成，不同产品可以根据需求从微观角度进行指标细分，如图4-2所示。这样的宏观结合微观的模型结构、定性与定量分析结合的研究分析方式，为用户体验指标体系搭建提供了较为全面的分析方法论，在之后的互联网公司体验度量体系中都能看到它的影子。

PULSE指标	HEART宏观指标	微观指标
Page view（页面浏览量）	Happiness（愉悦感）	有用性、易用性、视觉美观性、推荐意愿
Uptime（响应时间）	Engagement（参与度）	活跃用户、日活、周活、月活
Latency（延迟）	Adoption（接受度）	新手向导、引导体系
Seven days active user（7天活跃用户数）	Retention（留存率）	次日、一周、一月
Earning（收益）	Task Success（任务完成率）	任务完成率、任务完成时间、错误次数

图4-2　PULSE、HEART与微观指标

图片来源：公有云如何建立用户体验度量？ | 人人都是产品经 理 (woshipm.com0)

https://www.woshipm.com/ /operate/3692469.html

二、和指数

“和指数”评价体系依托运营商大数据资源，通过用户调研和专家测试等调研方法对17

个指标展开评测，如图4-3所示。该指数旨在客观评价移动互联网企业市场地位，帮助企业找到自身的短板与优势，从而更好地获得市场竞争力。

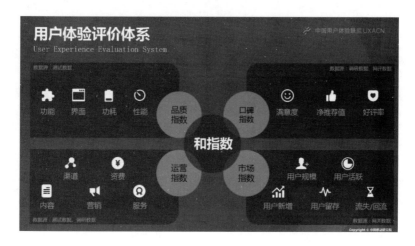

图4-3　和指数

三、PTECH软件产品使用体验质量度量模型

蚂蚁金服体验度量框架"PTECH"服务于企业级产品，该框架通过马斯洛需求金字塔理论推导出用户体验需要满足的五个层次，分别对应度量框架的五个维度，做到了定量与定性全覆盖，如图4-4所示。此外，蚂蚁金服开发了基于该度量框架的产品体验分析平台"九色鹿"，目前已在内部运行，未来可能会作为一款SaaS应用为企业提供服务。

维度	**P**erformance 性能体验	**T**ask success 任务体验	**E**ngagement 参与度	**C**larity 清晰度	**H**appiness 满意度
	产品性能表现，如页面打开、操作与反应速度、系统稳定性等	产品核心任务流程中的体验问题、成本、效率、期望等	产品提供的功能服务是否可以满足工作需求，用户参与度、黏性等	引导、智能系统清晰度，用户能够自主完成各项工作	用户对产品不同方面的主观满意度，比如视觉美观、客服支持等
关键度量	• P1 页面加载时长 • P2 页面可用时长 • P3 服务请求响应时间	• T1 关键任务增长指数 • T2 关键任务转化指数	• E1 周访问用户数 • E2 周用户平均访问频次 • E3 周用户留存指数	• C1 设计规范得分 • C2 用户主观清晰度评分 • C3 帮助系统完善度评分	• H1 总体满意度
		定量分析			定性分析
度量手段	• 应用性能监控 • 用户行为埋点	• 用户行为埋点 • 应用性能监控	• 用户行为埋点	• 用户行为埋点 • 问卷调查 • 卡片分类	• 问卷调研 • 用户访谈 • 反馈文本情感分析
	应用性能监控（APM）			用户行为分析（UBA）	

图4-4　PTECH体验度量框架

四、云计算软件产品使用体验质量度量模型

该模型由中国工业设计协会发布，现已进入征求意见阶段，可能成为国内第一批云计算

领域的设计类团体标准。根据发布的征求意见稿，模型的指标维度、度量方法、测量公式等都有详尽描述，可操作性较大，与云计算领域契合度高，见表4-1所示。

表4-1　云计算软件产品使用体验质量度量模型

指标维度	度量指标	度量方法	度量工具
易用性	易操作性 易学性 清晰性	易用性测试	易用性测试
一致性	整体样式 通用框架 常用场景及组件	一致性评估	一致性自查表
满意度	满意度	问卷调查	NPS工具/问卷
任务效率	功能利用率 任务完成率 任务完成时间	用户行为监控	UBA
页面性能	首屏渲染时间FMP 页面请求响应时间 API请求响应时间	页面性能监控	Oneconsole/ARMS

第三节　产品需求分析

产品需求分析不但是产品经理的工作，作为设计师也要参与其中，去了解用户真正的需求。只有基于对产品需求的正确理解，才能从用户、商业的层面综合考虑，采用合适的设计形式来实现体验度高的产品。

产品需求通常来自两方面，一方面是来自企业内部的业务需求，包括商业目标、产品需求、运营需求、设计需求、技术需求、领导的需求等内部需求；另一方面是来自企业外部的需求，包括用户需求、客户需求、政策需求等。内外两类需求相结合，就构成了用户体验要素里面的战略层，成为我们在设计感知体验层面的决策基础。

一、业务需求分析

业务需求可能来自公司领导层的要求，也可能是产品自身提出的，也可能是用户的反馈信息。面对业务需求，结合对业务目的和业务目标的分析，需要明确做什么。这里的目的和目标是不一样的，如我们需要做一个签到功能，为什么做这个签到功能？目的是为了增强用户黏性、提高用户活跃度等。为了实现这个目的，就需要每天让用户进入APP签到，那么用户点击签到的行为就成为业务目标，见表4-2。

表4-2 业务需求分析

业务需求	业务目的	业务目标	用户行为
签到	增强用户黏性、提高用户活跃度	用户每天进入APP签到	点击"签到"按钮

二、用户需求分析

做用户需求分析，首先应了解目标用户是谁？他们的需求是什么？要想确认用户需要什么，就必须要定义谁是我们的用户，我们可以通过一些用户研究工具比如问卷调查、用户访谈等收集用户的信息数据，帮助我们确定目标用户。通过创建人物角色，将收集起来的目标用户的分散资料进行关联并赋予到这个人物身上，在整个设计过程中就把这个集万千用户信息的人物放在心里，这种方法就是用户画像，能帮助设计者更好地理解用户需求。用户需求分析除了明确谁是用户之外，还包括用户使用场景、用户行为、用户体验目标，带着这三个需求要素，我们在后续的设计中将用户思维带入，站在用户的角度思量，哪个功能该放在哪个界面，有怎样的交互行为和视觉表现。

三、关键因素分析

关键因素分析主要指对用户行为和场景的分析。用户行为分析，是指分析用户在产品上产生的行为及行为背后的数据，促使用户在APP中产生行为，是需求分析中的关键。对设计而言，分析用户行为可以帮助增加体验的友好性，匹配用户情感，细腻地贴合用户的个性服务，并发现交互的不足，以便设计的完善与改进。对于场景的分析，先要了解"场"与"景"是什么，"场"是时间和空间的概念，"景"是情景和互动。通俗来讲，就是"谁，在什么时候，什么地点，做什么，为什么做，怎么做"。使用5W1H方法分析场景，其目的是获得更具象和更深刻的需求认知，成为衡量后续设计与方案是否匹配的尺子。

四、归纳整理设计需求分析

基于对用户、行为、场景等的分析找出用户痛点，确定我们想要什么，我们的用户想要什么，提出解决方案。如做一个针对老年群体的视听产品，在确定能满足老年人视听功能需求的产品内容后，应根据老年人的生理和心理特征在交互与视觉设计层面做出相应的设计需求方案，比如减少交互层级数，降低信息密度，使用简单的交互方式，设计易理解的视觉样式，增大产品字号等，以适应老年人的生理特点与心理认知。

第四节 用户画像与竞品分析

一、用户画像

用户画像（persona）又称用户角色，是交互设计之父艾伦·库柏提出来的，作为一种勾画目标用户、联系用户诉求与设计方向的有效工具，用户画像在各领域得到广泛的应用。用户画像是真实用户的虚拟代表，是建立在一系列真实数据之上的目标群体的用户模型，即根据用户的属性及行为特征，抽象出相应的标签，拟合而成的虚拟形象，主要包含基本属性、社会属性、行为属性及心理属性。需要注意的是，用户画像是将一类有共同特征的用户聚类分析后得出的，因而并非针对某个具像的特定个人。对于UI设计师而言，用户画像能让设计师知道为谁设计，帮助设计师了解用户的需求、体验、行为和目标，让设计任务不再那么复杂，帮助设计师进行设计构思。

二、构建用户画像

（一）明确用户画像目的

UI设计师需明确用户画像目的，用户画像对于UI设计师来讲可以让设计变得有理有据，知道在为谁设计，清楚为什么这样设计及产品在什么样的场景中被使用。不同的使用目的会导致收集信息的差异性，更会影响最终画像的结果。因此在做画像之前，需要考虑清楚画像目的，并结合业务目标，才能制定出个性化的画像信息维度。

（二）选择用户调研方法

用户调研分定量和定性两个方面，定量调研是通过足量数据证明用户的倾向或是验证先前的假设是否成立；定性调研重视用户行为背后的原因并发现潜在需求和可能性。我们可以根据据具体的设计目的选择合理的调研方法，以获取有价值的调研数据。

定量调研：通过问卷调研、数据分析方法来获得目标用户的特点和偏好。

定性调研：访谈法、二手资料了解用户的文化背景与生活环境、经验与习惯、行为背后的原因。

（三）用户数据采集

在明确目标用户的前提下，通过行业调研、用户访谈、用户信息填写及问卷等方式，收集尽可能多的客观真实的用户信息，如人口统计属性、社会属性、行为偏好、审美倾向、消费习惯等。从为什么使用产品、怎么使用、使用目的等方面，对目标用户组中的实际用户进行高质量的用户研究与数据采集。

（四）用户数据清洗

根据用户画像的使用目的，将采集到的数据进行归纳整理，在归纳好的数据中寻找关键变量，明确与产品视觉设计相关的重点内容，并剔除非目标数据、无效数据及虚假数据。

（五）用户画像框架

将上一步骤中的关键变量进行描述，形成用户画像框架，类似于先画出草稿，避免画像定型后再做修改。此阶段需要大家讨论，将重点内容罗列出来，注意不要加入描述性或诱导性的内容。

（六）数据标签化

在这一步中我们将真实数据映射到画像框架的标签中，并将用户比较典型的多种特征组合到一起。标签的选择直接影响最终画像的丰富度与准确度，因而数据标签化时需要与产品自身的功能与特点相结合。

（七）生成用户画像

经过以上步骤，梳理用户的行为、目标、痛点、审美、色彩偏好、产品视觉风格等纬度特征，使画像的维度逐渐丰富真实，对最终生成的画像进行可视化展现，让团队内成员与服务的用户达成共识，如图4-5所示。

建立用户画像时要根据自己收集到的信息，制作属于自己业务目标的画像，最好为画像赋予一个身份，如一张符合角色特征和所处环境的照片。用户画像作为一种设计工具，会随着时间推移不断进行迭代，在产品积累了一定用户量时，可以使用定量法进行验证，补充优化更多维度信息。无论对产品设计还是产品运营，用户画像是一个APP团队工作的基础，它可以帮我们了解目标用户真实的情况，找到他们行为的特点与动机，也决定了我们能否精准抓住用户，以差异化服务来取胜。

王先生
年龄：46
已婚　有房有车
收入：100K↑
兴趣：高尔夫/红酒
身份：金领/高管

人物描述：
西装革履/工作繁忙/时间极其宝贵/注重人脉/讲求商业保密性/
有跨国合作业务/国际性交流/关注股市、政治、金融等新闻资讯

痛点：
1. 一般的英语交流还可以，一旦遇到专业词汇就犯难
2. 想用最新时事打开话匣子，拉近人脉关系，苦于英语词穷
3. 约见客户总要带随身翻译，不方便，又怕商业机密被泄露
4. 看外文咨询遇到新型词汇的缩写就要复制粘贴求翻译
5. 有点英语基础，但不精通，想提高，又没时间学习
需求：
1. 掌握商业金融相关的专业词汇，了解新兴词汇，能够随时翻译，情景化使用
2. 学习时间自由，最好在工作之余进行学习，同时希望在学习过程中能有其他
   意外收获，而不只仅限于英语的学习，希望收获1+1＞2的效果

图4-5　用户画像

三、竞品分析

竞品分析在设计工作中非常重要，通过竞品分析可以了解设计现状，引发设计思考，带来设计灵感，有助于梳理出更好的设计策略，产出更完善的设计方案，并验证自己的设计。

（一）明确目标与选择竞品

1. 明确目标

在做竞品分析之前，应根据要解决的问题，明确两点：一是竞品分析的目的是什么？二

是通过竞品分析希望获得什么？明确的目标可以保证正确的分析方向，避免在分析过程中走偏，迷失方向，分析很多不相干的内容，获取不到实质性的帮助。比如此次竞品分析的目的是了解feed流设计形式，那么在后续竞品分析过程中feed流的布局形式、卡片中的图文设计与比例关系是我们应该重点关注的内容。竞品可以选择使用feed流设计形式社交类产品，如微博、微信朋友圈、头条的资讯推荐、快手抖音的视频推荐等。如果是进行视觉风格改版设计，那么在竞品分析时设计者应该多关注竞品的视觉风格与设计趋势，包括图标设计的风格类型、界面配色、图片的设计等。

2. 选择竞品

选择的竞品有两类，分别是直接竞品与间接竞品。

（1）直接竞品。是指同类型直接竞争关系的产品，如哈罗单车与美团单车；此类竞品中建议选择业内TOP级产品进行分析，因为它们已经非常成熟，已经养成用户的使用习惯，塑造了用户的心智，我们分析TOP级的产品，更容易获取有价值的信息。

（2）间接竞品。是指使用场景和用户群体比较接近的产品，如单车与电动单车这类垂直领域的产品，产品有部分相似，都可以满足用户出行需求。间接产品建议选择垂直领域的独角兽产品进行分析。

我们可以通过百度指数、易观千帆指数、七麦数据获取目标产品信息。通过百度指数，我们可以找到国内不同行业产品的排行榜与产品热度，进而选择自己的竞品。易观千帆指数可以查到不同行业产品月度排行榜和产品基本信息。七麦数据是国内专业的移动应用数据分析平台，覆盖App Store与Google Play双平台，提供IOS与Android应用市场多维度数据分析。

（二）竞品分析内容

1. 了解竞品商业背景

竞品确定后，我们可以先通过产品官网去了解竞品的商业背景，再深入了解产品的定位、用户群体、日活、月活、经营背景、服务理念等。获取相关商业背景信息后，将它们记录在表格或者文档中，便于自己以及同事查看与了解竞品的商业背景，见表4-3。

表4-3　某竞品商业背景

产品LOGO	一句话介绍……
产品定位	一句话介绍……
服务理念	一句话介绍……
目标用户	一句话介绍……
创办背景	一句话介绍……
产品评价	一句话介绍……
……	一句话介绍……

2. 基于目的分析竞品

竞品分析围绕用户体验五要素展开：战略层、范围层（功能/内容）、结构层（流程）、框架层（信息层级关系/文案）、表现层（配色、板式、图标、图片）。UI设计师需要重点关注的是框架层与表现层，在进行竞品分析时，一定要牢记我们做竞品分析的目的，并记录与保存分析过程中获得的信息。获得的这些信息都是为产出设计方案做准备的，也是以后自己或同事的设计参考资料，也可以沉淀为组内的设计资料。

（1）框架层分析。如何了解竞品框架层？通过拆解用户路径的方法了解竞品框架层，截图保存好每个路径所涉及的页面，制作成页面截图文件夹。具体操作为将自己作为用户，沿着主流程将产品操作一遍，把操作流程中涉及的每一个页面进行截图保存，最后梳理路径形成文档资料。以分析飞猪旅行APP中的机票查询路径流程为例，整理产出页面路径截图如图4-6所示。

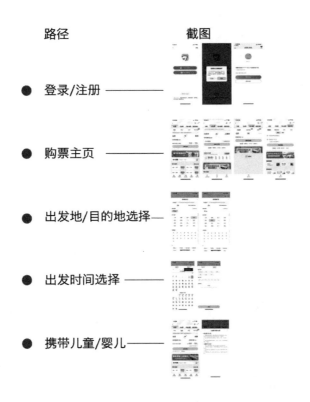

图4-6 飞猪旅行APP的机票查询路径流程

（2）视觉分析。在视觉分析这一步中，我们将从"形、色、字、构、质"五个维度对竞品进行详细分析，同样也需要产出视觉分析文档，并且文档分析越详细对我们的设计帮助就越大。视觉分析内容主要包括基础规范、设计组件、设计亮点三个部分。

①分析基础规范。基础规范指界面最基础、最通用的元素设计规范。

栅格系统分析。分析竞品的栅格系统，分析最小原子单位为多少，了解其布局结构。

色彩分析。分析竞品的主色、辅助色、点缀色等以及这些颜色的使用场景。

文字分析。分析不同场景的文字大小与文字层级关系。

②分析设计组件。通常对设计组件的分析主要是通用组件部分，如对按钮的设计分析，包括按钮的设计形式与使用场景。除了分析通用组件外，我们还需结合项目的实际情况，对竞品中的特色组件进行分析。特色组件是基于自身产品属性建立的最常用的业务属性组件，如社交类产品，如果所做的产品中运用了很多动态卡片的形式，那么我们就可以把这部分做成特色组件的形式，便于我们去搭建页面，快速做出效果图。

③总结设计亮点。在进行竞品分析时总会有一些做得很好的点，值得我们借鉴学习，对于这些设计亮点，一定要记录下来，为后续的产品设计提供参考。

四、产出竞品分析报告

对前面做的所有分析进行归纳整理形成竞品分析报告。竞品分析报告最大的价值就是给我们提供设计参考资料，激发设计灵感，提高设计效率。产出的竞品分析报告包括四部分内容：分析目标、商业背景文档、路径/模块截图包与分析说明、视觉规范分析、设计组件与设计亮点分析、优化建议。

思考与练习：

1. 用户体验为什么非常重要？
2. 从哪些方面进行表现层的合理设计？
3. 思考需求分析的重要性。
4. 实战题：项目提案——新闻资讯类APP设计提案。

（1）围绕用户需求与产品目标，通过调查问卷或用户访谈的方法进行用户需求调研与竞品分析，输出用户需求报告与竞品分析报告。

（2）通过用户研究与竞品分析验证前期产品的定位、功能、框架等。

（3）将与产品相关的数据整理成产品开发设计方案，以PPT的形式进行设计提案论证。

第五章 图标设计

第一节 图标的分类与设计原则

一、图标的定义

图标，是指计算机显示屏等电子设备上引导用户进行各种功能操作的图像，是计算机世界对现实世界的隐喻和概括。图标设计，即icon设计，在UI设计中占有很重要的位置，是决定一个界面风格与视觉体验的重要构成元素。图标的重要性体现在以下几个方面：首先，图标具有通用性，它们可以跨越语言，被不同语言的用户理解；其次，图标节省界面空间，能有一个图标清楚表达含义的时候，就不需要文字；最后，图标可以实现快速定位，它可以用独特的形状和色彩帮助用户快速定位到某个功能。一个好的图标，可以让用户"一秒即懂"。

二、图标的分类

（一）根据功能不同分类

图标从功能上可分为工具类图标与启动图标。工具类图标经常出现于APP或网站中，具有功能性指示引导作用或具有操作性。启动图标又称产品应用图标，是产品品牌的核心组成元素，放置在手机主屏幕中。

（二）根据造型不同分类

图标从造型上可分为线性图标、面性图标、点线面混合图标。

1．线性图标

线性图标是通过线条来表现物体的轮廓，讲究线条的粗细统一，有整体感且造型优美。线性图标具有辨识度高、清晰简约的视觉特点，但线性图标的设计不可过于复杂，以免干扰识别。IOS系统中的导航栏和工具栏都采用2px线的图标设计，减少视觉干扰，让用户视线集中在产品核心功能上，如图5-1所示。

2．面性图标

面性图标是以面为主要表现形式，利用线、面切割基础轮廓或通过分型塑造图标的体积感。面性图标具有表意能力强，细节丰富，情绪感强，视觉突出，创作控件大的特点，可以让用户快速锁定图标位置，并预知点击后的状态，但是在界面中面性图标不可出现过多，否则会造成界面臃肿，主次难分等视觉问题，如图5-2所示。

图5-1　线性图标

图片来源：ICON设计教学.1——图标设计详解_UI社（uishe.cn）

https://www.uishe.cn/137386.html?_HY=3eafa961a12dcba7755d685150efb9fe61658473999-51464024

图5-2　面性图标

图片来源：花瓣网　https://huaban.com/pins/2289042230

3．点线面混合图标

点线面混合图标基于线性图标和面性图标，并加入"点"元素，再结合丰富的表现形式就可以设计出点线面结合的图形了。比如粗细线和点的组合，线面组合、点面组合等，根据自己的产品风格、用户和使用场景选择适合自己产品的图标设计形式，如图5-3所示。

（三）根据表现风格不同分类

图标根据表现风格不同有拟物风格、扁平风格、2.5D风格、炫彩渐变风格、实物贴图风格，其他还有文字形式、插画形式等。

1．拟物风格图标

拟物风格图标是再现物理世界中的真实物体，达到逼真拟物的状态。拟物化图标可以

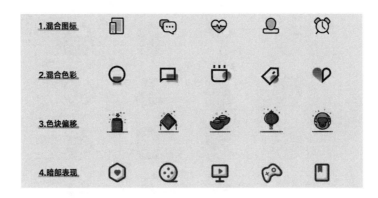

图5-3 点线面混合图标

图片来源：ICON设计教学.1——图标设计详解_UI社（uishe.cn）
https://www.uishe.cn/137386.html?_HY=3eafa961a12dcba7755d685150efb9fe61658473999-51464024

给用户具像化的引导，如电话、文件夹、回收站等图标，这些图标可以让用户联想到现实世界中的物品并快速地理解这些图标的作用，降低了用户的学习成本，更快地适应计算机的使用。但随着用户习惯了各种常规交互模式之后，拟物化的设计反而成为用户获取信息的干扰因素，用户需要用起来方便的图标设计，所以也就决定了拟物图标被扁平化图标取代的趋势，如图5-4所示。

图5-4 拟物图标设计

图片来源：8个拟物图标设计|UI|图标|Zing_yushu_原创作品-站酷ZCOOL
https://www.zcool.com.cn//work/ZMjQ4NDY2NDQ=html?switchPage=on

2．扁平风格图标

扁平化图标区别于拟物化图标的是简化真实的二维物体设计，通过简化、抽象、符号化的图形表现图标的含义。扁平化已经成为一种更加流行的设计风格，所有元素呈现干净利略的视觉效果，图标设计使用这种风格可以简单直接表达含义与功能，弱化干扰用户的视觉元素，降低认知成本。但扁平化图标也有自己的不足，如表现形式单一，同质化倾向，缺乏个性，如图5-5所示。

3．2.5D风格图标

2.5D风格图标是扁平化图标设计发展到微扁平轻拟物的方向。相较于拟物风格没有过多

图5-5 扁平化风格

图片来源：ICON设计教学.1——图标设计详解_UI社（uishe.cn）
https://www.uishe.cn/137386.html?_HY=3eafa961a12dcba7755d685150efb9fe61658473999-51464024

的视觉元素，与扁平风格相比又有了丰富的情感内容。通常在面积比较小的区域会使用扁平化图标中的线性图标，在面积比较大的区域加入渐变或轻拟物的图标，如图5-6所示。

图5-6 2.5D风格

图片来源：ICON设计教学.1——图标设计详解_UI社（uishe.cn）
https://www.uishe.cn/137386.html?_HY=3eafa961a12dcba7755d685150efb9fe61658473999-51464024

4. 炫彩渐变风格图标

炫彩渐变风格图标色彩表现丰富，比一般图形更能抓住用户的眼球，同时色彩更具情绪感，有效地传递出产品的气质。炫彩渐变在进行多种色彩衔接时要注意利用色相的对比营造空间感，同时还要注意同背景的对比关系，炫彩渐变图标通常用在白色或浅色背景中，如图5-7所示。

图5-7 渐变炫彩风格

图片来源：ICON设计教学.1——图标设计详解_UI社（uishe.cn）

https://www.uishe.cn/137386.html?_HY=3eafa961a12dcba7755d685150efb9fe61658473999-51464024

5. 实物贴图风格图标

实物贴图风格图标常用于购物类APP中，如淘宝、京东等，设计如图5-8所示，实物贴图更贴近生活，分类效果更好，也容易激起消费者的购买欲望。文字设计形式的图标多见于启动图标的设计，如豆瓣、闲鱼等，它的优点是识别性强，可以很好地突出品牌特色，如图5-9所示。

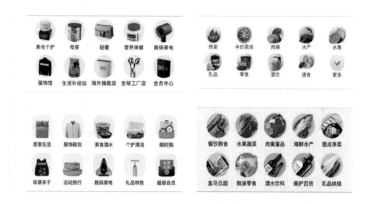

图5-8 实物贴图风格

图片来源：ICON设计教学.1——图标设计详解_UI社（uishe.cn）

https://www.uishe.cn/137386.html?_HY=3eafa961a12dcba7755d685150efb9fe61658473999-51464024

图5-9 文字形式的启动图标

图片来源：ICON设计教学.1——图标设计详解_UI社（uishe.cn）

https://www.uishe.cn/137386.html?_HY=3eafa961a12dcba7755d685150efb9fe61658473999-51464024

三、图标的设计原则

（一）像素对齐

手机显示精度越来越高，但这并不意味着可以无视像素对齐的规律来进行图标设计。像素对齐是一个专业UI设计师对于极致追求的表现之一，是每一个UI设计师专业素质的体现，所以，追求高品质的图标设计，就不要忽视像素对齐的设计规范，如图5-10所示。

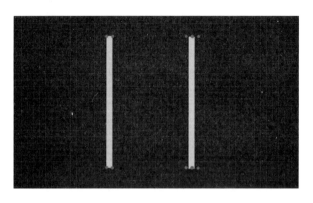

图5-10　像素对齐

图标的绘制要保证横竖直线对齐到像素，线性图标尽量采用整数粗细，如果一定要用小数的话就使用0.5递进的，如线性图标设计中1pt的描边感觉太细，2pt描边感觉太粗，可以用1.5pt的数值（1.5pt在@2x中就是3px）。图5-10操作界面背景是像素网格，竖线两端的红点数量代表像素是否对齐，第一条竖线显示两端红点各为两个，表明像素已经对齐，而第二条竖线的两端各出现三个红点，则表明像素没有对齐。在矢量图形的显示环境下我们看不到二者的区别，如果将图片导出来，就会变成如图5-11所示。

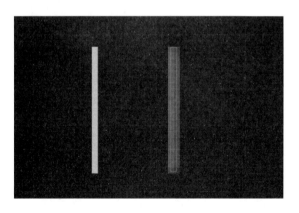

图5-11　像素对齐对比图

图片来源：实例分析：图标设计4原则（sohu.com）

https://www.sohu.com//a/123729857_114819

图片显示第一条竖线清晰明确，第二条竖线模糊，原因是第二条竖线像素没有做到严格对齐，这就是图标导出后图形发虚的原因。只有严格做到图标像素对齐，导出后的图标才能呈现清晰明确的视觉效果，尤其是当我们设计尺寸较小的图标时，如果不能严格地遵循像素对齐的设计原则，图标显示效果就会出现模糊、不确定的视觉问题。

（二）多用布尔运算

多用布尔运算可以使图标设计更加规范，加深设计师对图形结构的理解，方便后期对图形做设计调整与更改，如图5-12中将几何图形组合，运用布尔运算得到规范的头像图标。

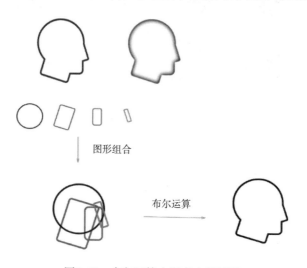

图5-12　布尔运算在图表中的运用

图片来源：实例分析：图标设计4原则（sohu.com）

https://www.sohu.com//a/123729857_114819

在平时，我们可以多去尝试分析并练习一些好看的图标或者真实的物体，理解其中的结构与制作方法，当积累足够多的经验时，就可以自如地去设计精美图标了。

（三）独特且统一的风格

图标的设计风格一定要独特，让图标拥有自己的风格特点，做到视觉效果上的与众不同。图标设计除了有自己独特的风格外，在应用界面的设计中，不同的功能性图标构成了一个统一的视觉风格，它们不是单独的个体，而是以一致的视觉样式贯穿于产品应用的所有页面中，并向用户传递信息。一套 APP图标应该具有统一的风格，包括造型规则、圆角大小、线框粗细、图形样式和个性细节等元素都应该具有统一的设计规范。

因此，我们在设计图标之前，尤其是设计系列图标时，一定要确定图标的设计风格与相应的设计规范，保持视觉与交互的一致性，如图5-13所示。

图5-13　图标中的断线设计

图片来源：实例分析：图标设计4原则（sohu.com）

https://www.sohu.com//a/123729857_114819

这组图标采用一笔造型的设计手法画出整体图标形象，再通过巧妙的断线处理，使这些图标整体的设计效果与其他图标相似，但仔细看又拥有自己的设计风格，让整个图形造型变得独特又有亮点。除了利用线条的断开，我们也可以在颜色上做文章，如图5-14中的图标色彩设计。

图5-14　图标中的色彩设计

图片来源：实例分析：图标设计4原则（sohu.com）

https://www.sohu.com//a/123729857_114819

可以在黑色线条中加入有彩色，任何一种彩色都可以形成图标的趣味点。

需要注意的是，在绘制线性图标时，一定要保持线条粗细相同、圆角相同，做到这些最基本的统一，我们设计的图标才能实现风格上的统一与设计上的创新。

（四）视觉大小的统一

如图5-14所示，两个形状都是44px×44px的尺寸，在尺寸相同的情况下我们发现方形比圆形看着大一些，虽然方形与圆形在物理尺寸上是统一的，但是在视觉感受上却没有大小的统一感，此时我们可根据视觉差的方式定义出栅格系统，作为图标尺寸设定的重要参考，如图5-15所示，以解决不同几何图形带来的大小不一的视觉问题。

因此，在进行图标绘制的时候，不要被数字与辅助线束缚，除了借助栅格来规范图标大小外，符合人们的视觉大小感受是最终衡量图标大小比例的标尺，灵活运用设计工具，做到视觉感受上的大小统一，如图5-16所示。

44px×44px　　　　　　　　　　44px×44px

图5-15　视觉大小对比

图片来源：实例分析：图标设计4原则（sohu.com）

https://www.sohu.com//a/123729857_114819

（五）识别性原则

图标是用户在应用中接触最多的视觉符号，它既是构成产品视觉风格的重要元素，也承

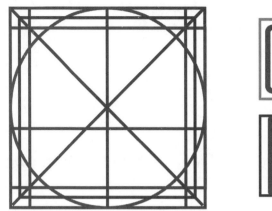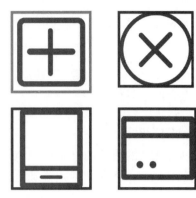

图5-16　图标设计栅格规范

载了引导用户完成操作的功能。图标除了在造型与视觉效果上有别于其他图形设计外，在语义层面上要求准确传达信息，不增加视觉负担、一眼识别。因此在设计图标时，不要盲目地注重图标风格设计与视觉效果，应把设计的重心放在图标的识别性与语义传达的准确性上，避免不当的图标设计细节干扰用户的视觉，影响信息传达与整体的识别度。图5-17是一个与时间相关的工具图标设计，可以把它定义为时间、闹钟、秒表、历史记录、计时器等，虽然这个图标在语义表达上不太准确，但作为与时间相关的图标是可行的设计。

　　如果在这个基础图标上做一些改变，我们将会得到与之前不一样的语义表达结果。如图5-18所示，给这个图标加上两个耳朵的造型，这时它所表达的是闹钟的功能含义。还可以在顶部设计出按钮，成为计时器或秒表，或者将表盘设计出箭头，有历史记录、定时更新上传等含义。虽然这些图标共有"时间"的基础图形，但因设计上的改变，让这些在语义表达上具有各自的准确含义，用更加准确的元素让用户联想到日常生活中的元素。通过这个例子，可以发现在图标设计中一个小的元素添加或改变都会影响图标信息的准确传达，增加用户的识别难度，所以工具类图标的设计一定要源于人们日常生活中早已习惯的物体原型，用设计的手法使其图标化。工具类图标设计需要自己的设计风格，更需要具有辅助识别和准确传达的功能意义。

图5-17　与时间相关的图标　　　　　　　　　图5-18　图标语义表达

　　除了以上识别性设计原则外，符合行为习惯、原创性、易用性等设计要求对设计图标都有重要的指导价值，优秀的图标设计都具有高度简化的造型结构与准确的语义解读，造型上拒绝夸张与复杂，不会把"个性"作为评判优秀设计的标准。

第二节　图标实战设计

一、启动图标设计

启动图标是APP的重要的视觉形象组成部分，是产品的使用入口，放置在移动端桌面上的，是区别于其他应用的视觉识别符号。

IOS系统中，APP桌面启动图标设计以1024px×1024px尺寸进行图标创作即可，最终提交给程序员的是直角切图，非圆角图标，系统就像相框一样将直角图标套进去无须切圆角。Android系统中的图标按照512px×512px的尺寸进行图标设计，分辨率72像素/英寸。

启动图标的创意与设计应从产品本身寻找创意点，运用发散联想等思维方法，使这个抽象的概念逐渐清晰化、具象化。通过分析研究产品定位，要提炼出一些符合产品形象，使用感受、视觉印象的词汇，筛选出能强烈反映产品特质的词汇形成设计概念，使用点、线、面、色等设计语言，让这个概念转化成具体的、可视的图标，如图5-19所示。

图5-19　APP启动图标

设计概念确定之后，就可以进行图标视觉设计了，首先要考虑的是图标的造型，其次是图标样式的设计，包括线、面、描边、色彩、圆角、质感、设计手法等。

图标造型方面，也可以从品牌LOGO入手，做延伸设计，将品牌视觉要素融入UI设计中，可以将产品同品牌紧密联系起来，加强品牌的视觉延续性与整体性，对用户来讲加深了品牌印象。

此外，也可以从品牌IP做延伸设计，也能起到从品牌LOGO入手设计图标的作用，由于IP形象有趣，且富有活力，可以将产品情绪更好地传递给用户。对没有品牌视觉的产品可以从图形创意方面入手，进行图标设计。可根据名称、产品定位、功能、特色等寻找创意突破口，利用点线面造型语言做简洁图形设计。

图标造型确定后，样式的设计主要涉及线条粗细、面的大小、描边、色彩、质感等。图标是产品视觉形象重要的组成部分，设计图标时应与界面的其他设计元素统一设计风格，保持产品整体视觉的一致性。

二、手机主题图标设计

手机主题图标可以让用户实现手机个性化。用户通过下载某个自己喜欢的手机主题程序，可以一次设定好相应的图标、操作界面、待机图片以及屏幕保护程序和铃声等内容，享受手机使用时带来的身临其境的感觉。

手机主题图标设计流程：首先定义图标设计主题，把与设计目标相关的关键词罗列出来，提炼并突出显示重点词汇，并围绕主题展开设计，从设计开始就把握住设计方向。进一步进行图形联想。根据所列出的关键词通过头脑风暴的方法，寻找现实世界与虚拟世界具有映射关系的隐喻图形，例如，我们通过"音乐"这个关键词可以联想到以下图形图，如图5-20所示。

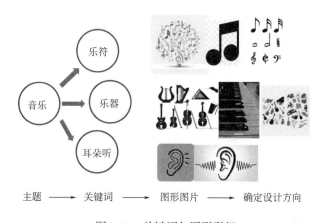

主题 ⟶ 关键词 ⟶ 图形图片 ⟶ 确定设计方向

图5-20　关键词与图形联想

从5-20图中可以发现，能体现"音乐"的图片很多，这些图片都有共同的"音乐"的语义与功能。可供选择的图片很多，但我们要考虑图标是为大多数人设计的，也要被大多数人所认可，所以图片的选择要符合多数人所接受的事物进行简化与提炼，除非这个应用是为某类人群设计的小众化的设计应用。

然后，对所选的原素材进行简化与归纳，提炼并强化素材的本质特点，通过点、线、面的处理，使图形高度简化与精炼。体现在造型与结构上的高度简化，避免简单化；表意功能上的准确，减少歧义；视觉上的高识别性，避免过于复杂。

绘制图标草图的过程中会产生很多方案，需要设计师筛选出更符合设计主题的方案，在此基础上确定图标色彩与风格。然后通过软件制作图标，不断调整设计中的不足，最后是图标应用场景测试，确保图标在APP Store、主题应用商店与不同颜色背景的手机桌面都有良好的视觉效果。

三、自拟主题图标设计

设计一套安卓系统手机主题图标（日历、地图、时钟、设置文件、短信、联系人、通讯录等），包括与之对应的壁纸设计，如解锁界面、主界面、副界面的设计及应用场景的展示，根据主题图标设计步骤（图5-21），展开创意与联想。要求主题明确，视觉风格统一。

确定图标设计主题

提炼主题关键词

图形联想

提炼图形

绘制图标

图5-21　主题图标设计步骤

四、工具类图标设计

工具类图标的设计在保持视觉风格统一、独特的前提下，更注重信息的准确传达，语义明确，减少视觉负担、一秒即懂，降低用户理解难度，用准确的元素去唤醒用户日常生活中熟悉的图形，迅速产生联想。

工具类图标设计过程中的难点是信息内容的可视化，尤其是一些非常规的寓意，极难用图标表现出来。信息内容是一个非实体的抽象的存在，我们需要根据寓意信息进行图形联想，找到能直接示意的图形，将其提炼概括，得到一个用户容易理解的图标，必要时要把文字信息补充进去，使图形更贴合内容。

思考与练习：

实战题：新闻资讯类APP启动图标设计。

（1）音乐播放界面图标设计练习：设计一套音乐播放器的工具类图标（包括播放、暂停、快进、后退、循环、收藏、下载、评论、分享、K歌等功能），要求表意准确，视觉风格一致。

（2）任意选择一款ISO系统中新闻资讯类APP，为其设计启动图标及在手机界面、APP Store的应用展示。要求主题明确，突出品牌特性或产品特征，视觉识别性强。提供120px×120px与1024px×1024px两种尺寸的设计稿。

第六章　信息架构

第一节　信息架构概述

一、信息架构的含义

信息架构（information architecture，IA），是指对某一特定内容中的信息进行统筹、规划、设计、安排等一系列有机处理的想法。IA 的主体对象是信息，通过信息建筑师设计其结构，决定其组织方式以及信息归类和设计展示逻辑，让用户或者使用者更容易获取与管理信息的一项艺术与科学。通俗来讲，信息架构就是合理地组织信息的展现形式，研究信息的表达和传递，它的主要任务是为信息与用户认知之间搭建一座畅通的桥梁，是信息直观表达的载体。信息架构位于用户体验要素中的第三层结构层，该层要求理解用户，包括理解用户的工作方式、行为和思考方式，将这些了解到的知识加入产品信息结构中，可以给使用该产品的用户提供良好的体验。

移动终端中的每一款产品都有自己的信息架构，也就是产品的骨架，大多数应用产品都是以树状结构展现信息架构图（图6-1），页面则是产品的展现形式。在设计原型图之前，交互设计师首先要从用户角度思考产品的骨架——信息架构，这是构建良好用户体验的基础，所以在拿到需求文档之后如何设计信息架构是产品设计的首要工作，其次是功能结构设计、交互设计和视觉设计。

二、信息架构的作用

一个好的信息架构可以让用户在一定的"信息规划"下更容易找到自己想要的"东西"。除满足用户需求之外，信息架构还可以满足产品目标，让"产品目标"通过"信息架构设计"去教育、说服、通知用户。信息架构就是通过"分类"，对信息进行选择和组织，实现更好的信息传达，满足用户需求与产品目标。清晰明了的信息架构如同商场的导视系统，在人们逛商场时，能够根据楼层导引信息，顺利买到自己想要的商品，而不会因为糟糕的商场导视系统找不到自己想买的商品，败兴而归。

三、信息架构的组成

信息架构由四大系统组成，包括产品的信息组织系统、标签系统、导航系统和搜索系统，信息架构体系如图6-2所示。

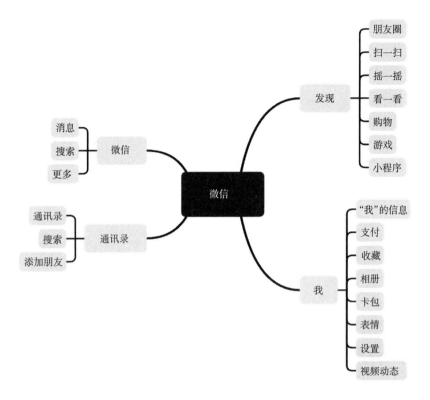

图6-1　微信信息架构图

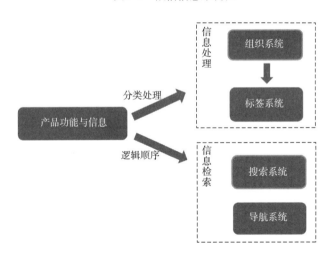

图6-2　信息架构体系

1. 组织系统

组织系统负责信息的分类，由它确定信息的组织方案和组织结构，对信息进行逻辑分组，并确定各组之间的关系。

2. 标签系统

标签系统负责信息内容的表述，为内容确定名称、标签或描述，标签名称可以来源于控制词表或词库、专家或用户、已有的标识实践等。

3．导航系统

导航系统负责信息的浏览和在信息之间移动，通过各种标志和路径的显示，让用户能够知道自己看到过的信息、自己的现在位置和自己可以进一步获得的信息内容。

4．搜索系统

搜索系统是用户自行使用的一个引导工具，通过提供搜索引擎，根据用户的提问方式，可以帮助用户搜索到想要的内容。

以上这些系统不是孤立存在的，有时它们之间的区别也不是绝对的，但是一旦设计好，产品就成为一个易用的、用户满意的对象了。

四、四大系统的产生

1．收集整理产品信息

基于用户痛点和解决方案，在明确产品方向的前提下，确定产品提供的功能和信息（二者互相交叉，没有界线，如一些常规功能、产品的核心功能、辅助功能，信息则包括附着在功能上的信息，产品本身的信息等），这些相互交叉的功能和信息即信息架构中的设计对象。

2．确定信息架构的目的和表达形式

信息架构设计主要研究"组织信息的展现形式、表达与传递"，即用户认知信息，信息架构的意义就是思考将有价值的信息以合理的形式展现给用户，满足用户需求。同时，采用最有利于用户接受和理解的方式，来进行信息的组合形式和表达，降低用户理解成本，让用户在合理的"信息规划"下获取想要的东西。满足用户需求的同时也满足了产品目标需求，在"信息架构"的引导、说服下，用户使用产品，达到盈利或其他公益性的目标。

3．信息处理和信息检索

在明确信息架构的目标与确定产品功能与信息这些准备工作之后，进行信息处理和信息检索两个部分的工作。在信息处理中，根据信息之间的关系进行分类，形成有机的组织系统，信息的组织方式基本决定了导航的方式。依据组织系统制订合理的标签系统。前面的组织系统属于信息分类，标签系统就是给分类命名。在信息检索工作中，通过信息元的逻辑顺序形成导航系统，最后给核心信息设计快速查找的搜索系统。

在四大系统中，组织系统是核心，依据组织系统中的信息分类和组织结构产生我们经常提到的信息架构图、功能架构图、内容组织图。

五、信息架构的核心

信息架构中的核心要素是组织系统，组织系统研究的是如何组织信息，如何向用户展示信息。通俗来讲就是指信息的分类。大家经常提到的信息架构通常就是指组织系统，如内容组织图、功能架构图、信息架构图，这些都是信息的分类组织方式，本质上都是一样的。组织系统包括信息分类和信息组织结构，信息分类就是找到信息元之间的共性，进行分类、排序，给搜索、浏览提供便利。信息分类涉及分类原则、分类依据、分类方式、分类结果。组

织结构就是找到分类与分类的关系，分类与内容的关系。这部分内容是信息架构中比较难理解的部分，可以借助图6-3来理解组织系统。

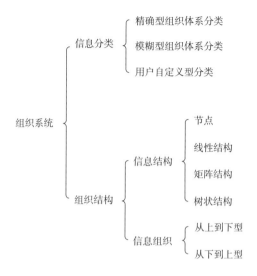

图6-3　组织系统

（一）信息分类

按照信息的内容、性质及用户使用要求等，将信息按照一定的结构体系分门别类地组织起来。如淘宝，最小信息粒度是商品，按商品功能属性，分为女装、男装、母婴、洗护、美妆等，所有女装的共同属性是用户都是女性，这就属于信息分类。信息分类的依据分为精确性组织体系和模糊性组织体系。精确性组织体系分类，如地理位置、时间、字母顺序；模糊性组织体系分类，如主题、用户群、任务等。除了以上两种分类依据，还有一种分类方式是针对一些比较难归类的信息，这时可以根据用户心智模型，进行用户自定义标签，如"关注"标签，有些人可能会把它放到"我的"标签下面，因为是针对"我的"关注内容，但也有的产品把它放在了"社区"下面，如keep，因为用户在使用"社区"功能时，所对应的心智模型是：我对社区里的某个用户及其发布的内容感兴趣。所以，我们在对模棱两可的信息进行分类或者命名的时候，都要回归到用户的思考方式，切合用户的使用场景来进行分类。

（二）组织结构

组织结构又称组织方式，如在微信首页，首先选择进入微信，查看未读消息，然后进入发现，选择朋友圈，查看朋友圈内容，这就是一种信息层级式的组织结构。组织结构中包含信息结构与信息组织分类方式，信息结构可以归纳为：线性结构、矩阵结构、树状结构。信息组织共有两种分类方式，从上到下、从下到上，其中在从下到上分类中常用的方法是卡片分类。

（三）信息结构与组织分类方式

只有了解了基本的信息结构，才能够理解一款应用是如何工作的，才能有助于我们更好地设计信息类产品。

1. 节点

节点是信息结构里面最基本的组成部分之一，它可以是任意的信息片段或者信息组合，类似于一个储存了不同大小信息的容器。在移动产品中，这个节点可以是一个页面，也可以是页面中的某个元素，是信息结构中的要素。在信息架构中，节点与节点之间都是连接关系，也是从属的层级关系，这种从属关系在信息架构中的体现就是父级与子级。

2. 线性结构

线性结构是信息架构中比较容易理解的，也是最常见的一种结构，如图6-4所示。多个节点的连接就形成线性结构，它只有一个维度的信息储存方式，具有方向性。来自生活中的线性结构体验，常见的一个个地铁站点就可以看作是信息节点，地铁站点组成的信息流就是一个典型的线性结构。线性结构非常好理解，平时我们看的h5页面基本上都是线性结构，用户不能进行跳转，只能一步一步按顺序找到所要的信息元，视线转向手机端的应用产品也是由多个线性结构组成的。

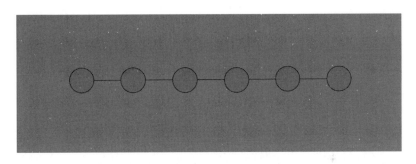

图6-4 线性结构

3. 矩阵结构

矩阵结构是由多个节点组成，这是一个允许用户在节点与节点之间沿着两个或更多的维度移动，如图6-5所示。由于每一个用户的需求都可以和矩阵中的一个"轴"联系在一起，因此矩阵结构通常能帮助那些"带着不同需求而来"的用户，让他们在相同内容中找到各自想要的东西。例如，假设某些用户确实很想通过颜色来浏览产品，而其他人则希望能通过产品的尺寸来浏览，那么矩阵结构就可以同时容纳这两种不同浏览需求的用户。换个角度来理解矩阵结构，也就是矩阵结构可以从不同的维度排列同一类的信息。

4. 树状结构

树状结构以子父节点的形式一层一层延展，是信息架构中最为常见的结构之一，也是比较符合用户认知的结构，有时也称为"层级结构，如图6-6所示。树状结构的优势在于承载复杂的多层级内容，通过层级递进的方式将复杂的多层级进行拆解，得到更简洁的结构。

5. 自然结构

自然结构是不会遵循任何一致的模式，节点是逐一被连接起来的，同时这种结构没有太强烈的"分类"的概念，如图6-7所示。自然结构对于探索一系列关系不明确或一直在演变的主题是很合适的。但是自然结构没有给用户提供一个清晰的指示，从而让用户能感觉他

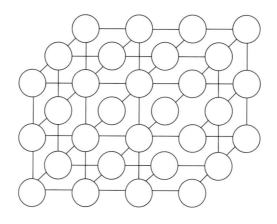

图6-5　矩阵结构

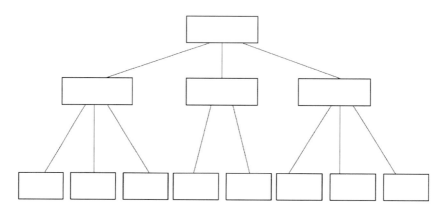

图6-6　树状结构

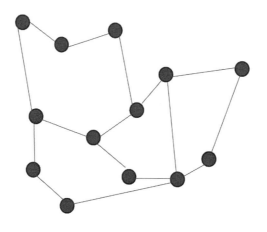

图6-7　自然结构

们在结构中的哪个部分。如果你想要鼓励自由探险的感觉，比如某些娱乐或教育网站，那自然结构可能会是个好的选择；但是，如果用户下次还需要依靠同样的路径，去找到同样的内容，那么这种结构就可能会把用户的经历变成一次挑战。

6. 信息组织方式

（1）从上到下。从上到下的信息结构方法是从战略层出发，根据产品目标与用户需求进行的结构设计。先从最广泛的、可能满足决策目标的内容与功能开始进行分类，依据逻辑一步一步细分到每个功能特性，形成信息主次层级分类。"主要分类"与"次级分类"的层级结构如同一个个的空巢，然后将内容和功能按顺序放入其中，这种分类方法其实就是在做"归类"，如图6-8所示。

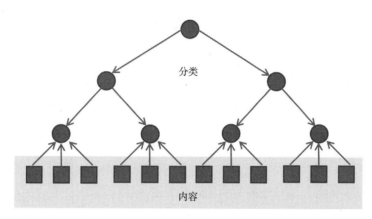

图6-8 从上到下的组织形式（从上到下的信息组织方式是由战略层驱动的）

（2）从下到上。从下到上的信息组织方式也包括主要分类与次级分类，依据用户对内容和功能需求的分析，先把已有的内容放在最低层级的分类中，然后将他们分别归属到较高一级的类别，逐渐构建出反映产品目标和用户需求的结构，如图6-9所示。

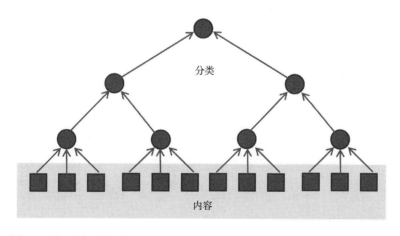

图6-9 从下到上的组织形式（从下到上的信息组织方式是由范围层驱动的）

这两种方法都有一定的局限性。从上到下的方式有可能会忽略内容中的重要细节。另外，从下到上的方式可能会因为架构过于精确地反映了现有内容，而导致其灵活性下降，不能很好地容纳将来变动或增加的内容。所以找到二者之间的平衡是避免这两种方式缺点的唯一方法。

一个好的信息架构肯定具备易用性、稳定性、可扩展性的特点，使信息价值最大化，可帮助用户快速定位信息，准确地理解信息。在做产品信息架构时，首先，要保证整个结构简单明了，主干清晰，并具有良好的扩展性，不会因版本迭代或新增功能而改变产品架构；其次，次要功能不可喧宾夺主，只能丰富或补充主干功能或信息；最后，有效平衡信息架构的广度和深度，保持平级内容的独立性与上下级内容的相关性。

第二节　信息架构图的构建

移动端产品信息架构的构建大多采用树状结构，使用信息组织方式中的从上到下和从下到上、卡片分类的方法来构建信息架构图。另外，在进行移动端产品信息架构之前，首先，要明确目标用户是谁，他们的需求是什么，产品的使用场景及用户的心智模型，这些都是产品信息架构的关键；其次，设计师要了解产品的业务流程和目标需求，这也是产出合理信息架构的前提；最后，设计师需要完成足够的竞品分析，通过竞品分析，我们可以发现整个行业中产品的优势以及亮点，而且能够帮助设计者规避一些错误。

完成以上三个分析，便能准确抓住产品的亮点，了解用户需求，勾画出大致的产品形态，然后按照从上到下、从下到上和卡片分类的方法逐步完成信息架构。

一、使用从上到下的信息组织方法构建信息架构图

从产品目标和用户需求出发，考虑产品内容分类。先从最广泛的、可能满足决策目标的内容与功能开始进行分类，再按逻辑细分出次级分类，最后将想要的内容和功能按顺序一一填入。下面以微信为例来看看如何进行构建信息架构图，如图6-10所示。

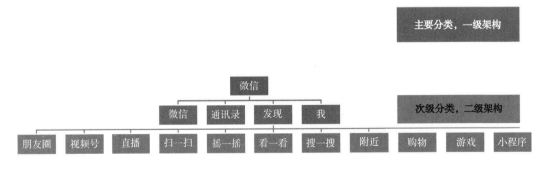

图6-10　微信信息架构方法

首先根据产品目标将"主要分类"即一级架构，分为"最近会话（微信）""通讯录""发现"和"我"；然后再进行"次级分类"，如"发现"下面再细分"朋友圈""扫一扫""摇一摇"等；最后将相应的功能（如朋友圈feeds、发朋友圈、朋友圈消息等）填入相应的"朋友圈"分类中。从上到下构建信息架构图的方法中，战略确定了产品的大方向，

从产品主要愿景，一步一步细分到每个功能特性。

二、使用从下到上的信息组织方法构建信息架构图

从下到上的信息组织方法根据"内容和功能需求的分析"结果，先把已有的所有内容，放在最低层级分类中，然后再将他们分别归属到较高一级的类别中。例如，给中国电信客服所做的To B产品，首先要了解客服人员每天工作的任务流、操作流、所需模块集合，然后倒推规整为一个一个功能模块，最后倒推形成一个系统。这种分类方法需要设计师有一定的信息筛选、梳理、分类的能力，进一步通过用户测试去检验分类的信息传达有效性。其实从下到上的信息架构方法也包括主要分类和次级分类，但它是根据对内容和功能需求的分析而来的。在具体的工作中我们可以将所有的功能点用一张张卡片写下来，也就是我们下面讲到的卡片分类法，然后让目标用户参与到信息分类中，并反馈相关分类标准作为我们产品设计师去梳理信息架构的参考。

卡片分类法是从下而上进行信息架构搭建时最为常用的一种方法。卡片分类法是把信息架构里的信息元写在纸条或卡片上，然后进行分类。卡片分类有两种形式，一种是封闭式，一种是开放式的。封闭式的卡片分类法是将信息写在卡片上，由用户进行分类，开放式则由用户自己填写卡片信息进行分类。封闭式与开放式这两种方式都有一定的局限性。

（1）开放式分类法。开放式分类方法中，用户可以按照对自己有意义的方式，自由地对卡片进行分组，并为每个组别命名，甚至也可以重新定义卡片名称提出建立新卡片的建议。

如果需要进一步了解用户的心智模型，这种卡片分类方法是最好的，它可以站在用户的角度，理解用户对这些功能的认定，收集他们对组名和标签的想法和建议。

（2）封闭式分类法。封闭式分类方法中，分类标准和标签是固定的。当你想要理解用户如何适应一个现有结构中的新内容时，可以使用封闭式的分类方法。很多时候可以混合使用这两种分类方法，比如在一组用户中使用开放式的卡片分类法，以决定高层级的分类类别，然后在另一组用户中使用封闭式的卡片分类，将上一组得到的新分类类别运用到这一组，来了解用户如何将提供的功能合并，并归类到新类中。

卡片分类法的基本步骤和注意事项，如图6-11所示。

为了克服从上到下和从下到上这两种方法存在的局限性，在实际运用中需要将这两种方式结合起来灵活运用。这两种方法虽然有不同的视角但其实最终目的都是让我们的产品易用、好用，最终达到想用的目的，所以让这两种方法对接、交汇、融合之后得出的结果才是理想的产品信息架构。

三、产出信息架构图

整合前期的调研信息和结果，这时已经有了信息架构的雏形，设计者可以用 axure 或 mindnode 、Mindmap、Xmind等给图软件把信息架构梳理出来。

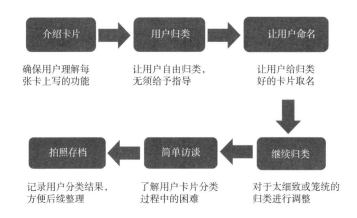

图6-11　卡片分类法步骤与注意事项

接下来进行信息组织和功能整合，首先对信息架构进行重要性分级，考虑信息架构和交互构图的关系，这里需要注意层和度的平衡，层指信息架构的深度，一般不超过5层，否则会增加用户操作困难，度指的是某一节点子节点的数量，也就是同一页面展示的信息量，页面内容过多，会增加用户的认知成本，找不到想找的内容；同时，厘清产品研发的优先级，集中精力解决用户的最大痛点，有利于我们在产出页面时可以更好地把控页面元素的大小层级、位置关系等。以上这些工作用绘图软件来完成，最终产出自己的信息架构树状图。在输出信息架构之后，就要进入原型图阶段，剩余的页面细节都是通过原型图体现的。

总体来讲，信息架构设计是一项重大而又意义深远的工作，只有经过反复推敲及打磨后，才能够积累足够多的经验，产出优秀的信息架构设计。优秀的信息架构可以从以下三个层面体现：一是业务层面，首先是设计目标合理，能平衡商业目标和用户的目标，保证客户和用户都有较为良好的体验；其次是核心任务目标明确，能够让用户顺利完成产品的核心任务，当然这个需要通过用户测试来进行验证。二是结构层面，能很好地平衡结构中的广度和深度，使用产品功能时不会因隐藏得太深而找不到，也不存在冗余的操作步骤；信息结构有很好的拓展性，在以后新增或者删减的信息与功能时，其结构具有稳定的拓展性。三是体验层面，用户不需要学习，直接通过页面呈现的信息理解该产品是做什么的，具有易读性强的特点；保证用户能够快速准确地找到需要的某个功能，并提供多种查找方法（如搜索或筛选）。

思考与练习：

1. 理解新架构的含义与作用，掌握信息架构的方法。

2. 实战题：新闻资讯类APP的信息架构。

运用从上到下或从下到上的信息架构方法，通过绘图软件输出产品信息架构图。

第七章 原型图设计

第一节 原型图设计概述

一、原型图的含义

可以把原型图看作是新房的户型平面图，也可以理解为文学艺术作品中塑造人物形象所依据的现实生活中的人，对于数字化软件产品来讲，原型图指的软件产品上线之前所依据的样图，这个样图可以是手绘草图，也可以是高保真图稿。原型图设计是继信息架构之后的一个关键的设计流程，通常由产品经理或交互设计师来完成。

二、原型图的作用

原型图设计是需求可视化的过程，是快速、便捷验证需求的一个简单的实验模型。

首先，原型作为验证需求的解决方案，可以基于正确的用户问题确定解决方案。在设计的早期阶段，用探索性的研究和原型设计去发现问题很有帮助，问题发现得越晚，付出的代价越大。在设计的后期阶段，原型图帮你掌握整个业务流程以及每个节点所要做的设计，明确用户界面，包括交互元素和内容。

其次，借助原型图可以进行高效沟通，为相关干系人确定设计方向和明确产品设计细节。原型图是一个很有力的展示工具，更是产品经理向执行团队进行阐述和说明需求的高效工具，它能够将产品布局和功能等一一说明，给开发团队提供一个清晰的概念，使相关人员清楚各自的职责。原型能让大家在短时间内把注意力集中在实质性的沟通上，提高沟通效率。

最后，通过原型图设计可以在不同阶段进行多次验证假设并改进方案。在早期阶段，设计者需要了解和测试用户心智模型，将分散的需求点通过原型图进行可视化的展示，并通过与用户互动，洞察用户真实的需求，不断地进行验证和改进。当不知道自己想要什么或没有充分理解需求的真实意图时，或者掌握的需求不全面的时候，都可以通过原型图来展示自己的想法，展示挖掘分析需求的结果，并有效验证该需求的可行性。

三、原型图的类型

原型类型一般按保真度分为低保真原型、中保真原型和高保真原型。保真度意味着原型的外观和行为与最终产品的相似程度。原型的制作通常是从低保真开始，并逐渐提高到高保真的水平，直到大部分假设都经过验证和修正。

（一）低保真原型

低保真原型是呈现初步概念和想法的草图、线框图等，表现软件的重点功能和基本交互过程。它具有制作简单，速度快，成本便宜，修改方便的特点。

1．草图

草图可以是白板草图、纸质草图等，基于业务流程与信息架构将想法或假设进行快速表达。通过绘制大量不同版本的核心用户操作界面，思考解决界面交互的不同方法。

2．线框图

线框图将信息架构和草图具体化、可视化。低保真的线框图大多使用黑白灰色阶和占位来表示内容，具有简单的交互跳转事件，这样便于我们集中精力思考元素在屏幕上的放置，更好地将信息架构可视化，如图7-1所示。

（二）中保真原型

中保真原型添加了更多细节，如用户头像处添加了照片；交互设计方面也更细致，如按钮颜色做了区分，有动效模拟。通常情况下，中度保真原型已经够用，使用者通过操作界面，可以完整体验到软件的功能特性和交互流程，可以验证产品的可行性，确保在后面的开发过程中不会出现重大失误，但缺点是需要花费的时间会多一些，如图7-2所示。

（三）高保真原型

高保真原型与产品真实界面高度一致，具备了产品所有的功能与详细的交互细节。虽然它看起来像真的界面，但它在视觉细化、功能广度深度、交互性、数据模型上与最终界面还是有区别的，仍然是一个原型，如图7-3所示。高保真原型可以显著降低沟通成本，但是，保真度越高就意味着需要花费的时间和精力就越多，而且一旦有修改也会增加设计成本。

图7-1　线框图　　　　　图7-2 中保真原型图图　　　　　图7-3　高保真原型图

在选择原型设计时，需根据目标和产品所处的阶段来选择适当的保真度原型，保真度过高，在原型测试时会让用户忽略整体方案，只关注细节；保真度过低，会让用户迷失方向，搞不清楚原型的目的，因此需平衡原型制作花费的时间和验证原型带来的价值，选择适合自己产品目标和阶段的原型图。

第二节　原型图设计流程与规范

一、原型图设计流程

（一）明确原型设计目的

在设计原型之前，首先要明确这次原型设计是为了确定产品方向，寻求解决方案，还是验证问题？

1. 确定产品方向

在不知道如何着手设计产品时，可以采用最小可用原型（minimum viable product，MVP）的方法，用最小的工作量先开发一款具有基本功能和吸引力的产品，模拟用户实际业务操作流程，投入运行后，通过用户进行测试验证与反馈来决定是继续还是转型，这样有效地降低了风险，而且能及时获取用户反馈。

2. 探索解决方案

针对需要优化或修复的问题，设计多个解决方案，评估方案的优劣势和价值，然后进行排序，制作原型并进行测试，最后找出最佳的解决方案。

（二）选择原型类型与制作工具

基于原型目的和产品所处的阶段，我们需要选择相应的保真原型进行展示和沟通。不同类型的原型常用的制作工具，包括不限于以下：

（1）草图阶段工具：白板、纸张。

（2）线框图阶段工具：Axure、慕客、墨刀、EXCEL、编码实现等。

（三）原型界面设计

基于前期的信息架构和草图，首先制订主页面菜单原型界面，菜单支持多个级别的页面，需明确各页面的层级关系，不要超过3~4级。其次明确每个页面放置哪些元素，首页分为几个区域，每个区域放哪些元素，采用什么布局方式等。最后在原型初稿的基础上，深度思考功能的必要性和优先级，尽可能把冗余的元素删除或精简，使用字号对比与灰度对比，突出每个页面的重要元素。

为提高后期原型绘制的便利性，将通用性功能、模块等建立统一的母版组件。此外，还要备注逻辑交互说明与设计说明，逻辑交互说明主要是面向开发人员和UI设计人员，描述相关功能逻辑的实现流程。如果对设计有特殊要求，需要做相关说明或者让UI设计师处理。

（四）呈现和验证原型图

将原型图呈现给团队、利益相关人以及用户，采用不同工具进行测试和验证。通常选择3~6个用户进行验证，在测试中，观察用户的使用路径，不要过多地引导用户。验证结束后，汇总所有验证资料，分析和总结用户存在共性的问题和用户的关注点。

（五）改进原型图设计

针对用户验证中反馈处的问题，展开新一轮讨论和方案制订，再次进行新一轮的原型验证，保证原型设计是用户所需要的。原型的验证需要重复多次，直到各方都满意，就可以停止验证，进行研发和发布。当然，产品发布后，我们又会收到其他的反馈和需求，又会开始下一轮的原型制作和验证。

原型设计是一项标准化的流程，在实际工作中存在一些对原型设计的误区：例如没有对信息进行组织与分类的前提下，跳过信息架构直接画原型，这样的原型往往不是用户想要的，需要经过多次的修改和调整。还有过分追求原型的美观度，忽视产品所处的阶段，不关注用户需求，这种原型一旦出现问题时就会牵动全身，耗时耗力。另外一种情况则是原型不规范，美观性很差，虽然在一定程度上不会影响工作，但会影响整个团队的工作情绪。此外，假借提高工作效率，认为画原型浪费时间，省略原型，导致团队工作失去有效的沟通工具。

二、原型图设计规范

原型设计在满足产品需求转化为产品功能的过程中，需要遵循一定的设计规范，尽量保持原型图的美观整洁。良好的原型设计规范能够体现产品人自身的审美观，也能促进团队之间的和谐沟通。我们将从基础规范与细节规范两方面，说明移动端原型图的设计规范。

（一）基础规范

1. 原型图设计尺寸

为了让原型的尺寸更接近移动端实际的应用环境，加强与UI的高效沟通，有必要遵循一些基本的尺寸要求。

如IOS系统中，APP页面：375px×667px，安卓系统下常见的三星和OPPO手机的常见尺寸为360px×780px。

2. 原型图常用组件尺寸

原型图常用组件是指经常使用的通用组件，如状态栏、顶部导航栏、底部导航栏等，以IOS系统为例，确定宽度是375px，需关注的是各通用组件的高度，设置状态栏高度是20px，顶部导航栏高度44px，底部tab导航栏高度49px等。

3. 一致性

页面中的模块或元素需对齐，不能随意放置，保持视觉效果的一致性，如图7-4所示。

4. 亲密性

内容属性相关的内容应归为一组，位置上相互靠近，成为一个视觉单元。这有助于组织信息，减少混乱，提供清晰的结构，如图7-5所示。

图7-4　原型图设计中的一致性原则　　　　图7-5　原型图设计中的亲密性原则

5. 对比和重复

页面不同元素之间要有对比效果，目的是更清晰的组织信息，使层级关系明了，能够引导用户浏览并且制造焦点。设计中某些视觉要素可能会在产品中重复出现，重复的元素可以是颜色、形状、空间、线条、图片等，可以增加条理性和统一性，如图7-6所示。

（二）细节规范

1. 字体或模块色值

原型图模块背景或元素一般使用黑白灰色值，目的是避免给视觉设计师造成配色干扰。页面中需要重点凸显的内容，如字体，可以把字体颜色加重，需要凸显的按钮或某个模块，就采用深色块填充。如图7-7所示的原型中的阅读推荐数值和阅读按钮是重点信息，因此应把色值加重；加入书架与点评此书，标记阅读状态按钮也是关键内容，因此也给予色块填充。这样做的目的是让视觉设计师即刻明确页面元素的重要性层级，而不是通过仔细阅读页面的交互说明来确定元素的重要性。

作为交互设计师必须始终明确，原型图设计的重点是功能和逻辑结构的梳理与呈现，配色不是重点考虑的工作内容。

图7-6　原型图设计中的对比
　　　　与重复

2. 字体类型与字号大小

保持所有页面字体的一致性，原型图中应使用相同的字体，不然会破坏页面的整体性，如图7-8所示中框选部分的楷体内容，标题与内容的字体不同，使页面的美观性和整体性遭到破坏。另外，字号大小的选择要依据页面中元素的重要性而定。

交互设计师在产出原型图时，应该在满足产品和业务需求的基础之上，遵循一些普适的规范原则，不仅能让原型图美观简洁，更能体现交互设计师的专业性。

图7-7　原型图用色　　　　　图7-8　原型图设计中的字体类型不统一

思考与练习：

1. 原型图设计的规范有哪些？

2. 实战项目：新闻资讯类APP原型图设计。

根据产品信息架构图，进行手绘原型图设计，确定方案后绘制完成高保真原型图。

第八章 界面布局与信息设计

第一节 界面设计概述

一、界面设计的含义

界面设计可以提供给用户做某些事的能力。界面最基本的性能是具有功能性与使用性，通过界面设计，让用户明白APP的功能操作逻辑，并将产品本身的信息更加流畅地传递给用户。界面设计的任务就是帮助用户进行选择，选择能够帮助用户完成任务的正确的界面元素，还要通过适当的方式让这些元素变得更容易理解和使用。本章内容从建立不同的层级界面开始到定位界面设计风格再到界面的布局设计，系统地展现了界面设计的一般流程。

二、设置界面层级

（一）界面层级

依据产品信息架构，围绕产品目标、信息的优先级及用户行为来建立不同信息层级的界面。在移动端因屏幕展示空间的限制，一个任务的完成通常都会由多个界面来共同执行，在哪个页面完成哪个功能或信息，是我们在做信息架构的时候已经决定的。为了建立合理的界面层级，在进行手机APP界面设计实践时，需要明确产品目标、梳理信息间的逻辑主次关系及理解用户行为来建立界面层级。通常移动端产品会分别设置三个层级的界面：一级界面、二级界面及三级界面。例如，图8-1微信信息结构中的"微信""通讯录""发现""我"属于一级信息界面，进入"发现"界面，"朋友圈""扫一扫""摇一摇""看一看""购物""游戏""小程序"这些内容属于二级界面，进入朋友群，这里的用户头像、用户发布的内容、评论、点赞等属于三级界面。

1. 一级信息界面

一级信息界面即APP的首页，应呈现APP整体的信息数据逻辑关系，以便用户快速了解APP的信息传播形式和核心功能。假设用户只会在这个界面停留3~5秒，核心信息或功能必将成为吸引用户继续浏览的动力。

2. 二级信息界面

在一级界面的信息吸引下，用户有了进一步了解内容的欲望，通过自主需求点击进入二级信息界面中，二级界面为用户提供更为详细的分类，用户可能会继续停留较长的时间去浏览自己需要的分类要点内容。实现手机APP各层级界面之间的逻辑跳转。

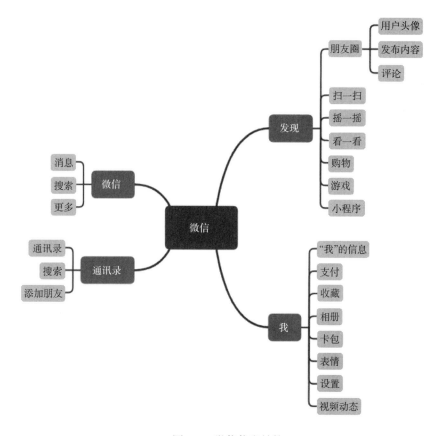

图8-1 微信信息结构

3. 三级信息界面

前两个界面中的信息基本上能帮助用户获取足够的信息，如果用户对某类内容感兴趣会继续进入三级详情界面，会使用更长的时间去详细了解更多信息，如图8-2所示。

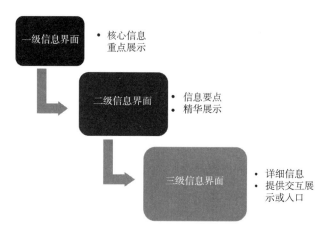

图8-2 信息层级

（二）启动界面、闪屏界面和登录界面

除了从信息和功能优先级的角度划分界面外，界面中还包括启动界面、闪屏界面和登录界面。

启动页面是用户进入APP后，看到的第一个界面。它对用户的影响至关重要，关系到APP是否受到用户的喜欢，所以启动画面的设计跟其他界面的设计同样重要。启动界面的显示不超过4秒，那么如何在这么短的时间内表达出产品的定位就是设计师需要重点考虑的问题。

引导页是一组界面组合，为用户展示APP的功能和特点。对于首次启动应用程序的用户来说，可能会帮助他们熟悉该应用的功能和控件，并了解APP是否对他们有用。每个应用程序的引导页设计都是个性化的，但也有一些共同的倾向化特点，如大部分APP喜欢用自定义插画的形式吸引并帮助用户理解功能与特点，或者用卡通形象增进与用户的情感。此外，简短的文字也可以起到很好的引导作用。

目前很多APP需要用户创建个人账户，登录页面和个人信息界面便成为用户经常使用的界面。现在有两种主要的登录类型，第一种是通过注册登录，第二种是使用第三方社交网络帐号，很多应用程序都采用第二种登录方式。不管是哪种登录注册方式，都要及时给予用户反馈，如错误提醒、登录成功等。登录界面的设计需简洁明了，让用户专注于登录，便于用户轻松访问APP。此外，个人账户是任何一个社交网络应用的关键部分，用户进入网络的虚拟社区并且能够与其他人共享个人信息，它让用户在应用程序中的交互更加个性化。

三、界面视觉风格定位

界面的视觉风格体现了整个APP的设计风格，统一的视觉风格可以进一步细致美化APP各界面，呈现出一致性的视觉美感和体验，整体地传达出产品的品牌形象，同时也方便设计团队制订设计规范，便于沟通协作。那么界面视觉风格定位由谁决定呢？以微信和QQ为例，同样都是即时通信社交应用，设计风格却相差很大，原因就是由不同的产品定位与目标用户决定的。微信是一种大而全的产品定位，其口号是"微信，是一个生活方式"，确定了微信谨慎、中性化的设计风格；另外，根据腾讯官方数据统计86%的微信用户年龄集中在18～35岁，90%用户职业为企业员工、学生，目标用户也决定了微信设计风格的稳重、成熟和高端化。而QQ的口号是"乐在沟通"，定位明确为娱乐化的社交应用，另一方面QQ兼容人群更广，相对微信来说更年轻、更活泼，如中小学生的忠实沟通工具仍是QQ。因此QQ的设计风格允许活泼有趣，甚至个性化（用户可切换多种不同设计风格的皮肤）。

通过对微信和QQ的分析比较，我们发现界面视觉风格定位主要取决于产品定位和目标用户，除了这两点外还会受到行业与场景因素的影响。下面具体来分析一下影响界面视觉风格定位的这些要素。

四、影响界面视觉风格定位的因素

（一）用户与客户

用户与客户是定位界面视觉风格的关键要素，作为设计师，首先要懂得从用户和客户

那里获取设计信息。例如，明确目标用户是谁，了解他们的需求与视知觉喜好，调查不同用户对设计理解的差异及不同理解能力的用户对界面设计的反应。其次，了解用户对界面设计风格的解读以及会用什么形容词来描述界面带给他的感受，能否感受到界面主要设计风格。最后，了解用户和我们在对理解界面视觉风格设计上的区别，注意设计表现对用户知觉的影响。同时，不要忘记分析客户提出的界面设计要求，寻找视觉风格设计的关键词。

（二）行业

行业是产品界面视觉风格定位的基础要素，不同行业的界面风格会给人不同的情绪感受。不同行业的产品会给用户提供不同的服务功能，设计师应该按产品类型及功能特点去定位界面视觉风格，这样可以很好地体现产品的行业属性和调性。以功能性为主的产品，我们可以从功能性的角度提出关键词，也可以基于产品的定位提出关键词。甚至从体现产品气质的品牌形象入手提炼关键词和视觉元素。

（三）环境

环境因素也是影响界面视觉风格定位不可忽视的元素。环境也指用户的使用场景，是个很容易被忽视的问题。用户使用产品时的场景非常复杂，可能在嘈杂的地铁里，也可能站在路边、躺在床上等。这里有必要介绍一下场景化设计，它是指"谁（who），在什么时间（when），什么地点（where），做了什么事情（what），所面对的环境如何（how）"。举个场景化设计的例子，如大家熟悉的打车软件，一般都会有两个端，一个乘客端，一个司机端，司机端的用户是正在开车的司机，而司机为了安全一般会把手机固定在车载架上，这个场景就是司机端APP所处的主要场景，那么设计界面时就考虑到车内光线的问题，司机操作便捷性和全性的问题。在面对产品有具体应用场景的情况下，可以基于场景得出用户的痛点和需求，通过视觉设计针对性地进行梳理和解决。

五、情绪板定位界面视觉风格

在掌握影响界面视觉风格因素的前提下，再思考如何通过制作情绪板来定位界面的视觉风格。

（一）情绪板的含义

情绪板（mood board）是指将一系列图像、文字、样品进行拼贴在纸或者屏幕上来展现灵感和概念，是平面设计领域、室内设计和时尚界常用的表达设计定义和方向的设计方法，其本质是将用户的情绪可视化，因此称为情绪板。

（二）情绪板的作用

对设计师而言情绪板是定义视觉风格和指导设计方向的依据，有助于定义视觉设计相关的五大内容：色彩、图形、质感、构成、字体；对团队而言可以在团队之间传递设计灵感与设计思路，从而使想法充分融合，深化设计，情绪板的用法几乎可以贯穿UI设计的方方面面。

（三）制作情绪板

1. 明确主题关键词

主题关键词来自公司的战略定位、产品的功能特色、用户的需求特征，通过公司内部讨论和用户访谈明确主题关键词。原则上只要对主题有帮助的都可以作为关键词。

2. 提炼关键词

对之前明确的关键词进行筛选，通过部门内部头脑风暴或用户访谈的方法，再对精选出来的关键词进行联想、发散。提炼出更接近设计意图的关键词，例如：品质、简洁、友好。

3. 搜索关键词素材

关键词确定后，从相关网站收集与关键词相匹配的图片素材，常用的图片搜索渠道有：视觉中国、花瓣、Pinterest、Unsplash、Dribbble、Pexels 等。

4. 创建情绪板

将收集到的素材，按照提炼出来的关键词进行分类和整理，生成分别代表品质、简洁、友好的情绪板，如图8-3~图8-5所示。

图8-3 "品质"情绪板

图片来源：理性地定义视觉风格——情绪版 https://www.woshipm.com/pd/1462401.html

图8-4 "简洁"情绪板

图片来源：理性地定义视觉风格——情绪版 https://www.woshipm.com/pd/1462401.html

图8-5 "友好"情绪板

图片来源：理性地定义视觉风格——情绪版 https://www.woshipm.com/pd/1462401.html

5. 提取视觉风格

在生成情绪板图片后，根据关键词的分析结果，从图形、色彩、字体、构成、质感五方面提取视觉风格元素。

（1）图形提取。通过对图形的分析发现，基本几何图形具有肯定、纯粹的特点，可以很好地体现"品质"与"简洁"的特征，如方形、圆形等，如图8-6所示。

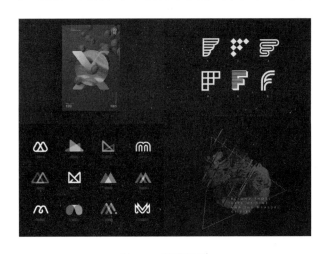

图8-6 图形提取

图片来源：理性地定义视觉风格——情绪版 https://www.woshipm.com/pd/1462401.html

（2）色彩提取。通过对色彩的分析发现，高明度低饱和度的色彩搭配，能让画面保持丰富的同时显得干净和协调，可以达到"友好""简洁"的效果，如邻近色、类似色、低饱和度的对比色等，如图8-7所示。

（3）字体提取。通过对字体的研究发现，中文字体端庄匀称、字形方正，如思源黑体、方正兰亭黑、苹方等；英文字体线条简洁、字形严谨，如Helvetica、Avenir、DIN 等，都

图8-7 色彩提取

图片来源：理性地定义视觉风格——情绪版 https://www.woshipm.com/pd/1462401.html

图8-8 字体提取

比较符合"品质"和"简洁"的特征，如图8-8所示。

（4）构成提取。通过对构成的研究发现，满版型和通栏型构成的视觉传达直观而强烈，给人大方、舒展的感受；并置型和九宫格型构成，体现严谨、秩序与节奏感，这与"品质"的特征都相互匹配，如图8-9所示。

（5）质感提取。在质感的选择方面，大多与当下流行风格趋势相贴近，如圆角卡片、弥散投影、渐变、轻拟物、毛玻璃等，可以有效地表达出"简洁""友好"的情绪感受，如图8-10所示。

图8-9　构成提取

图片来源：理性地定义视觉风格——情绪版　https://www.woshipm.com/pd/1462401.html

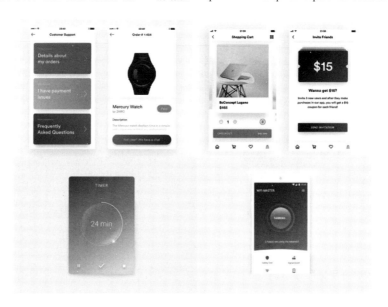

图8-10　质感提取

图片来源：理性地定义视觉风格——情绪版　https://www.woshipm.com/pd/1462401.html

情绪板是一种设计方法论，可以指导设计方向，传递设计灵感与思路。

制作情绪板时，首先要明确原生关键词，然后调动心思挖掘衍生关键词，接着搜索相关图片并提取生成情绪板，另外访谈用户收集衍生关键词映射，最后通过情绪板和关键词映射来提取视觉风格。

第二节　界面视觉风格与布局

一、界面视觉风格的类型

（一）扁平风格

当今市场上的版式设计可谓风格迥异。然而，随着社会文化、物质的极大丰富，去除一切无关的装饰细节，做到"简洁而不简单"，强调简约、明了、大方的扁平化版面风格越来越受到人们的青睐，成为人们所追求的新趋势。

扁平化版面风格设计是一种极简的设计方法，它提倡"少即是多"的美学理念，强调极简主义，是一种功能先行的设计理念。扁平化摒弃设计中的各种阴影、渐变、纹理、羽化等装饰效果和3D真实感等与传达无关的元素，追求感官上的简约整洁；信息内容上力求信息传达直接、准确、高效，以简约、平面化的二维方式呈现出来，版面中各元素的边界干净利落，其设计风格简洁、干净、清爽，追求品位和思想上的优雅。适合门户、电商、社交、大型APP，如图8-11所示。

扁平化风格的版面可视元素主要包括文字、图形、颜色、留白等，在坚持少即是多的极简主义与功能主义的基础上，通过图形的简化、文字的群组和颜色的纯化等契合人们的认知，让界面信息易懂，易识别，有效提高版面信息传达率，缩短筛选时间，如图8-12所示。

图8-11　Keep扁平化界面　　　　　图8-12　扁平化界面设计

1. 扁平化的图形设计

图形是版式设计的重要元素，大致可以分为拟物化图形和扁平化图形。拟物化图形是通过纹理、高光、阴影等对实物的再现。扁平化图形是对真实物象的抽象化表现，将真实物象的本质特征加以提炼概括，以简洁生动的符号化图形指代物品。

扁平化风格的版面离不开扁平化的图形。图形在设计及生活中，扮演着重要角色，可跨越不同地区、不同语言和文化，先于文字与人们进行无声的沟通。图形直观生动，在增加版面审美趣味的同时，还能给人们留下深刻的印象，同时，图形本身也能传递一定的信息。

2. 选择无衬线字体

由于扁平化设计要求元素更简洁、明了，经过高度加工美化的字体与极简主义设计原则相冲突，在扁平化版面设计中字体多使用简单的无衬线字体，通过字体大小、文字的编排群组来划分信息的权重层级。

不同风格的字体产生不同的视觉感受，在选择字体时要保持表述内容与字体风格的统一，从而创建出预期的风格和基调。扁平化风格的版面字体使用一般不超过两种，通过字体粗细、字号大小、色调轻重及排版方式等产生的视觉空间感来区分内容的层级，使版面主次信息一目了然。

另外，需注意字体的大小应与整体设计相匹配，文案要求尽量精简、干练，保证文字内容与形式在版面中的一致性。

3. 纯化配色

扁平化版面设计除了扁平化的图形、简洁的文字，还包括大胆的配色。扁平化的版面色彩更倾向于纯色的使用。扁平化的配色使用单色，不要渐变和羽化，通过色块的面积对比，明度与纯度的对比形成强烈的视觉冲击，吸引用户眼球。

色彩的视觉传达力要优先于图形，它最先挑起用户的视觉刺激，引起关注，产生信息导向作用。扁平化的色彩设计并非简单的图形配简单的色彩，而是由反映主题和情感倾向的主体色彩与配色、点缀色之间的对比关系产生视觉冲击力，传达信息。

（二）拟物风格

拟物化的设计风格具有与物理世界相近的触感，指设计师借助生活中存在的实体进行设计，使用简单色块来表达物理关系，并且将实物真实的触感和质感真实地反映出来，然后在设计中加入一些更具情感化的元素，这种真实的实物感会带给用户更多的亲切感和依赖感，便于用户更快、更好地掌握产品的操作和使用方法，学习成本低，适合小型APP、游戏，如图8-13所示。

图8-13　钢琴3D-Piano 3D Real AR APP界面设计

（三）卡片式风格

卡片式设计是 UI 布局设计中最常用的方式之一。卡片式设计可以很好地分隔内容模块，确保用户在长屏幕滑动中识别每一块内容。在瀑布流的浏览中使用卡片式设计可以较好地对众多内容进行区域划分，使每个内容卡片具有相对的独立性，块状化的卡片式设计具有较强的层次感和可滑动的交互感受。

当页面中只有一个需要用户进行快速筛选的主要内容时，可考虑卡片式设计与手势设计结合的布局方式，可丰富页面的视觉表现力并增强用户体验感。卡片式风格设计还可以用在一些卡券类的设计、集合型的功能入口、个人主页的设计中，如图8-14所示。

卡券类的设计实际上是模拟现实中的卡券造型，以卡片式的形式出现在屏幕中，让用户可以直观感知，提升了设计的代入感，这种卡片式的设计是一种物化映射过程的拟物化设计。集合型功能入口的页面中往往会有多个入口，卡片式设计可以让入口形成一个既统一又相对独立的区域整体。个人主页的设计中采用卡片式的风格设计可以把关键信息进行分类概括，收纳单个内容形成一个整体，营造出沉浸感。

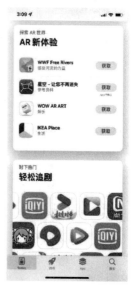

图8-14　苹果APP Store界面

（四）手绘风格

手绘卡通风格非常有利于展示人性色彩，形成独特的识别度，为用户带来真实感。当你收到好友寄来的明信片时，你总是希望看到卡片是手绘的，带着好友独特的笔迹，而不是用计算机打印出来的。一张手写的便笺也总是比打印出来的纸片更能让人感觉亲近。

在UI设计中，道理也是一样的。手绘和手写风格的应用可以让产品显得更独特、更真实、更值得信赖。手绘风格可以带给用户带来识别度和真实感。

手绘风格具有独特的外观和感受及人性化与亲近感。此外，手绘卡通风格可以更有效、更清晰地传达信息，使用户更容易注意和理解这些信息，构建产品内容及解释产品特性。适合儿童、游戏、卡通动漫APP，如图8-15所示。

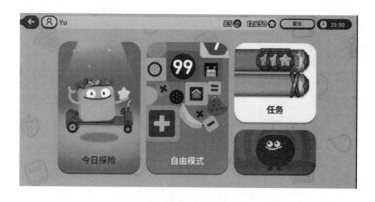

图8-15　嘟嘟数学APP界面设计

二、界面布局与导航选择

布局和导航是产品的骨架，是界面的重要构成，是后续界面视觉设计的基础。通过界面布局可以引导用户在页面上的注意力来完成对含义、顺序和交互发生点的传达。在实际的APP界面设计中，布局与导航是非常重要的设计环节，除了要考虑信息优先级与各种布局方式的契合度外，还要将用户需求、用户行为以及信息发布者的目的、目标统筹到页面的整体设计中。清晰美观的布局与导航可以提高产品的易用性和交互体验。

移动端界面常见的布局和导航方式有八种：标签式导航/TAB式布局、抽屉式布局、宫格式布局、列表式布局、大图式布局、瀑布流布局、Gallery布局、多面板布局。

（一）标签式导航/TAB式布局

底部标签导航适合有4~5个标签，通常不会超过5个，有更多的选项操作时可将最后一项设置为更多，将一些次要功能放置在更多里。现在很多APP都在用标签式导航，主要用在APP中的一级界面中。

此外，在五个标签中，有一个标签使用率非常高或者是承载了重要的功能，那么将此标签做特异处理，以视觉上的差异来突出它的重要性，这种导航方式可以突出核心功能，直观性强，如图8-16所示。

如果把标签放到界面的上方，就会形成常见的顶部标签导航。这也是一种常见的导航模式。顶部标签导航在IOS系统中一般作为APP的二级导航，如图 8-17所示。在Android系统中，这种以前被用作一级导航的顶部标签式导航，自从Google推出了"抽屉导航"作为一级导航后，就被常用作二级导航。作为二级导航的顶部标签导航可应用于多种情境下，数量可以是固定的，也可以是不固定的多数量，数量过多时可以左右滑动展现更多标签。

图8-16　标签突出显示

图8-17　标签式导航/TAB式布局

（二）抽屉式导航

抽屉式布局是指将菜单隐藏在当前页面的左侧或者右侧，点击导航入口即可像拉抽屉一样拉出菜单，如图8-18所示。这种布局的优点是节省页面空间，适合不要频繁切换内容的应用，让用户更多地聚焦到当前页面。例如对"设置""关于"等内容的隐藏。缺点是需要给用户一个明显的提示来发现导航，在设计时还需要注意提供菜单滑出的过渡动画。抽屉式导航设计适合于功能较多、信息结构较复杂，且不用频繁切换导航的产品，对于那些经常在不同导航间切换或者核心功能有一堆入口的APP则不适用。

（三）宫格式布局

宫格式布局的特点就是直观，被广泛应用于各平台系统的中心页面或作为一系列工具入口的聚合，其功能一目了然，用户可以从整体上了解APP提供的服务，方便快速查找并做出选择。但是用户却无法第一时间看到内容或执行操作，选择压力相对较大。宫格式布局还具有扩展性好的特点，便于组合不同的信息类型（运营位、广告位、内容块、设置等）如图8-19、图8-20所示。

图8-18　网易邮箱大师抽屉式导航

图8-19　宫格式布局

图8-20　可操作的宫格式布局

现在这种导航模式都是作为二级导航使用，如聚合众多工具入口的页面，或以图形化形式呈现内容列表的页面。宫格式布局使用场景多为适合展示较多入口，且各模块相对独立的界面。由于受到卡片式设计的影响，宫格模式也在进行灵活的调整，详见卡片式布局，如图8-21、图8-22所示。

图8-21　众多工具入口　　　　　图8-22　卡片式宫格式布局

（四）列表式布局

列表式导航是APP界面设计中必不可少的一个信息承载模式，是最快速的布局方式之一，扩展性强，分类条理，滚动展示。它只需把列表设置成左对齐，增加表示还有下级内容的扩展图标（向右箭头）即可。列表式导航的特点是结构清晰，易于理解，冷静高效，能够帮助用户快速地定位到对应的页面。因列表式导航不会展示实质性的内容，易感单调，主次不明显，同宫格式导航一样，不会被用在首页，通常出现在二级页面。列表式布局常见于并列元素的展示，包括目录、分类、内容等场景中，如图8-23所示。

如果信息较多且复杂，可依据内在的逻辑关系对列表进行梳理分类，分类后可以命名列表群，也可以拉开间距隔开每一组列表，达到视觉上的条理清晰。还有一种常见的列表导航形式被称为仪表式导航，作为导航使用的同时，又可以通过标题和核心数据来展现核心内容，如图8-24所示的仪表式布局。

（五）大图式布局/卡片式布局

大图式布局的优点：首先是视觉冲击力强，单项内容展示充分，驻留时间长；其次每个卡片信息承载量大，转化率高；最后是每张卡片的操作互相独立，互不干扰。

实际上大图式布局是宫格导航的变式，有多个宫格精简为一个宫格，代表一个入口，通过上下滑动实现信息的展示。大图式布局展现信息的扁平化，最大限度地保证页面简洁性，操作也极方便，常见于视频页面展示。

大图式布局的缺点就是单屏内容展示少，每个卡片页面空间的消耗大，承载入口的数量有限，一屏可展示的信息少，滑动易疲劳厌烦，用户操作负荷高。大图式布局适合以图片为主的单一内容浏览型的展示，如图8-25所示。

图8-23　列表式布局

图8-24　仪表式布局

图8-25　大图式布局

（六）瀑布流式布局

瀑布流，比较流行的一种页面布局方式，无论是网页还是手机界面，都是非常受欢迎的一种布局方式。瀑布流视觉表现为多行等宽、不等高元素的排列，后面的元素依次添加到其后，随着页面滚动条向下滚动，会不断加载数据块并附加至当前尾部。

瀑布流以参差不齐的排列方式以及利用流式布局的扩展性，可以展示给用户多条数据，有效地降低了页面的复杂度，节省了空间，同时也不需要过多的操作，用户只需要下拉就可以浏览数据。APP中采用瀑布流式布局，结合下拉刷新，上拉加载的交互形式进行数据的加载等操作，用户将注意力更多地集中在内容而不是操作上，可以给用户带来良好的沉浸式体验。瀑布流适用于图片展示与实时内容频繁更新的应用中，如花瓣、图虫等，如图8-26所示。

图8-26　瀑布流式布局

（七）Gallery布局

Gallery布局适用于以浏览为核心功能的布局，具有整体性强、聚焦度高、视觉冲击力强的特点；采用纵向或横向线性的线性、点切换的浏览方式，有顺畅感、方向感。其缺点是可显示的数量有限，需要用户探索，而且查看页面时不具有指向性，用户必须按顺序查看页面。Gallery布局适用于操作方法演示，图片展示，数量少的信息展示，如图8-27所示。

图8-27　Gallery布局

图8-28　多面板式布局

（八）多面板式布局

多面板式布局的优点是减少界面跳转，让分类一目了然。但如果采用两栏设计，会让界面比较拥挤；且分类很多的时候，左侧滑动区域过窄，也不利于单手操作。多面板式布局适合分类多并且内容需要同时展示，如图8-28所示。

在实际的界面设计中，设计师经常会用到这些基本的布局方式，使用时一定要牢记业务目标，分析用户核心行为，考虑信息优先级与界面布局方式的契合度，选取最合适的布局，来提升产品的易用性和交互体验。

第三节　信息设计概述

在当今这个信息铺天盖地的时代，用户获取信息方式倾向于"快餐式"，简单明了的信息胜于长篇大论的文章。用户希望在最短的时间内得到最想要的信息，UI设计师就要保证信息在最短的时间内被用户读取、关注，那么设计师将如何用更简约直接的方式将信息呈现出来，如何避免信息被忽略、被淹没？信息设计在移动端产品界面中的设计就变得至关重要，本章内容将深化界面布局的内容，详细讲解不同层级界面中的信息设计。

一、信息设计的含义

20世纪70年代，英国伦敦的平面设计师特格拉姆第一次使用了"信息设计"这一术语，信息设计逐渐从平面设计中脱离出来。不同于主张"精美的艺术表现"的平面设计，而是强调"进行有性能的信息传递"。国际信息交互设计组织给信息设计的定义为：信息设计是定义、规划和构建信息内容和信息呈现的环境，以满足目标用户接受信息需求的设计。此外，文森福斯特对信息设计的定义为：信息设计是在有序的信息结构下进行信息的解构、呈现、解码或者表达，是信息重组的过程。通过类型、颜色、图形、图像、时间、亮度、材质和原料等图形元件来充分调动和抓住人们的感官，以便清楚地表达它的内容。这样可以达到提醒、解释和编写，使信息表达更流畅。

二、信息设计的意义

UI设计的本质是信息的设计，也就是将想法传达给用户。通过UI设计有效解决信息的无限性同手机界面有限性之间的矛盾，当信息量大于手机界面容量时，就需要通过滑动扩展界面空间，将信息按照一定的组织方式提供给用户。对于千变万化的移动场景来说，让用户更容易、更快速地接纳、吸收或者阅读信息变得越来越重要。成功的信息设计能让用户一眼就能看到"最重要的东西"。设计复杂系统的界面所面临的最大挑战之一，是弄清楚用户不需要知道哪些东西，并减少它们的可发性或者把它们完全排除。

第四节　信息结构设计

不同层级的界面都包含一组不同的信息元素，这些信息元素如何被用户知道，则属于不同层级界面信息设计的工作。设计师需要站在用户的角度去思考界面信息的设计，明确哪些新信息是用户想要看到的，哪些是用户最想得到的关键信息和重点信息。厘清信息设计的主次轻重，才能把产品所要实现的目的或达成的目标通过准确、有条理的信息传达给用户，帮助用户一步步地实现目标。如在淘宝、京东电子商务网站上每个元素都在执行各自不同的任务。项目图片是客户最先去识别的信息，属于该界面中信息层级中的第一层级；标题是告诉用户该项目是什么，其次是相关的按钮，暗示并鼓励用户去加购或收藏，完成购买行为。根据产品的业务目标和营销目标，设计团队应该有效地优化视觉元素来突出产品，让人印象深刻。

一、通过整理信息确定信息主次关系

在进行界面视觉设计前，设计师需要将界面中众多的信息进行归类梳理，厘清哪些信息有助于用户达成目标，哪些信息具有辅助作用，哪些信息可以被隐藏或抛弃。通过对大量信息的整理，设计师所面对的信息会减少很多，围绕用户需求目标将这些有价值的信息确立主次关系。通常主要信息数量相对较少，次要信息的数量相对较多，但主要信息占据的页面空间大于次要信息，此外需要注意的是当平级信息内容越多时，信息间的削弱性就越强，应避免精心安排的"重要内容"被淹没在信息海洋中。完成信息的梳理与归纳后，信息呈现变得准确且有条理，我们的设计思路也明确了，此时设计师开始通过视觉方式建立界面的信息结构层次，进行设计稿的绘制。

二、通过确定信息主次关系划分信息层级

根据界面中信息的主次关系与用户的浏览习惯建立不同的信息层级。当拿到低保真原型图的时候，每个界面的信息设计都是从信息整理开始，确立信息主次关系，再划分信息层级。如在信息型APP的三级信息界面中，包含标题、副标题、正文内容、CTA按钮、说明以及其他内容，为了建立层次感，这些内容和元素会被分割成为不同层级。通常，为了保证层次分明又不会让信息的呈现过于复杂，将层次划分为三个层级。

（1）第一层级。如头条标题，这些元素旨在为用户提供核心的信息，并且引起访客能够立刻注意到它们。

（2）第二层级。如普通标题和副标题，它们应该能够让用户快速扫视阅读，尽快了解到其中的主要内容。

（3）第三层级。正文和一些额外的信息（如引用）构成第三个层级。在这个部分设计师通常需要使用较小的字体，并且确保内容的可读性。

三、通过视觉设计呈现信息结构与层次感

三个信息层级划分好之后，结合对用户核心行为的分析结果与浏览习惯，通过视觉设计呈现信息层级间的结构与层次感，如通过主次信息组合、制造对比、分割、字体、信息对齐等视觉方式呈现界面中的信息层级关系。

用户核心行为指基于用户在互联网产品上的行为以及行为发生的时间频次等业务价值，

深度还原用户的使用场景并指导业务增长。设计人员需要了解不同类型用户会在不同阶段产生不同的行为，需要判断哪些行为是具有导向性的核心行为，如图8-29所示。通过分析用户行为，我们可以准确评估行为路径并做优化设计以及产品改版的优化设计，结合交互文档中给出的大模块信息的优先级和用户行为的先后顺序，确定哪些信息需要重要展示，哪些信息可以弱化。

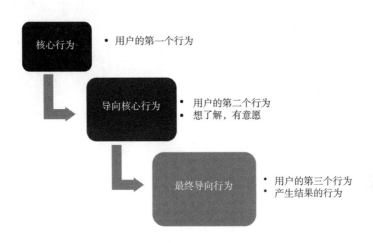

图8-29　用户行为路径

设计师应尊重客户浏览页面的习惯，以用户为中心，依据用户浏览习惯进行界面信息设计。用户会首先从左上角开始扫描页面延续到右上角，再返回左边扫描到右边，从左上角沿着弧线到右下角完成整个页面的浏览，用户在浏览过程中获取核心信息，在浏览结束后基本可以确定对该页面的信息是否感兴趣。设计师按照用户先后的浏览顺序设计各层级信息元素，呈现从左到右、从上往下的视觉流程曲线或直线，引导用户沿着这条线轻松愉悦地浏览信息。

1. 信息组合

将主次信息进行组合，明确传达界面内各元素间的层级关系。在信息组合中，主次信息间有明确的主从关系与先后顺序，且次要信息服务于主要信息，是主要信息的延续说明或补充操作。例如，天气预报中的首页界面信息中，今日温度"3℃"为主要阅读信息，风力、湿度与预警为次要信息，通过信息间的大小与位置组合，清晰传达了信息间的主次关系，如图8-30、图8-31所示。

2. 制造对比

清晰的层级结构与主次分明的信息，可以让用户更快地获取重要内容，界面中信息的层级关系主要体现在主次、优先级、层数，呈现与区分信息的这些层级关系、层次结构依靠的核心就是制造对比。

如在同一信息组合中的主要信息和次要信息，可以通过位置、面积、颜色三个方面的对比关系呈现主次层级。

主要信息

次要信息
次要信息

次要信息

图8-30　主次信息组合　　　　　　　　图8-31　阅读顺序

（1）位置。根据人们从左上至右下的阅读习惯，界面中的左上与上中区域为最佳视域，其次为右上，左下，而右下最差。因此，界面中的左上部和上中部通常会放置重要的信息。

（2）面积。在界面空间中的占比面积越大的信息内容越是突出，相反，空间占比越小的信息内容就越不会引起用户的注意。

（3）颜色。在白色背景下，色彩的明度越低且饱和度越高的信息内容越是突出，主要信息与背景色彩间的对比度越强，越能凸显其重要性。

在同一个信息组合中，只能有一个最重要的内容，不能有两个或多个。如果所有的内容都重要，也就等于所有的内容都不重要，如同前面讲到的平级信息间的削弱性一样。同样，信息的优先级也不取决于主要信息是否够大，而是取决于主要信息和次要信息的对比强度。如图8-32所示，"我是主要信息"与"我是辅助信息"在位置、字体、字号、字重、颜色都存在对比。

我是主要信息
我是辅助信息

我是辅助信息
我是主要信息

我是主要信息
我是辅助信息

图8-32　主次信息对比

在同一界面中，信息层级不宜过多，通常应控制在三层信息以内。过多的信息层级会让界面结构变得复杂，增加用户的理解成本，冗余的信息展示也会让界面变得凌乱琐碎，干扰用户获取主要信息，降低使用体验感。主次分明、优先级明确、层级合理的界面设计，会让信息传达更清晰明确，给用户带来舒适的使用感受，如图8-33所示。

图8-33　信息层级数量

3．分割不同信息

在界面中使用分割来区分不同类别的信息，其形式可以概括为距离分割（留白分割）、线型分割、面型分割（背景色分割）、颜色分割。

（1）距离分割。通过增大两信息模块的距离，利用人的视知觉原理（接近法则：人的大脑会倾向于把彼此靠近的元素视为一组），自然地将信息进行分组，达到区分不同信息模块的目的。不同类别的信息组合，通过距离上的分割，使其产生差异化。距离分割的优势可以省去线、面等分割元素，减少视觉层级，让界面更干净、明快，如图8-34所示。

（2）线型分割。线型分割是目前界面中最常用的分割方式之一，其优势是线自身的视觉量感轻，不会干扰到用户。在使用线进行分割时，分割线本身不重要，不要过度强调线的样式，以免干扰用户获取信息。线与界面背景应为弱对比关系，常用分割线为1像素，线的颜色与背景颜色对比不易过强，点到为止即可，如图8-35所示。

（3）面型分割。也可以看作背景色分割，在排版多层级、信息复杂的界面时，因单个模块里已经用了线型分割，还需要使用分割效果更强一些的方式来显示模块与模块间的关系，这时就需要面型分割。面型分割的界面效果接近于卡片式的布局，可以更清晰地表现出两组内容的分割感，但会有增多界面层级的缺点，如图8-36

图8-34　距离分割

所示。

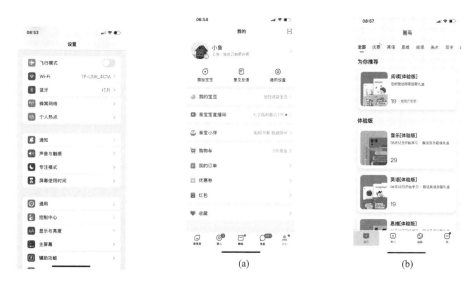

图8-35　线型分割　　　　　　　　　　　　　图8-36　面型分割

（4）颜色分割。当界面中信息的表现形式重复性较高，容易被看混的情况下，颜色分割是更为合适的选择。如图8-37所示，出借记录列表中通过浅灰色与白色能起到引导视线的作用，同时也将相同形式的数据分割开。颜色间的弱对比使分割方式变轻，界面趋向干净，不会干扰阅读。

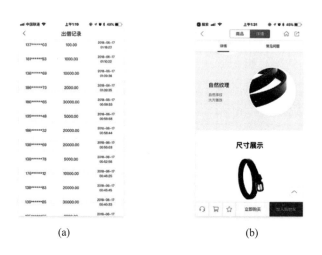

图8-37　颜色分割

同类信息组合，能让界面中的信息关系更缜密；信息层级的划分，能让用户更快地获取重要内容；利用线型、面型、颜色分割能让用户更清晰地区分不同信息模块间的关系。这些方法都可以让设计师快速地通过视觉方式构建信息的层次感，除了这些方法还有合理利用字体、信息对齐提升产品使用的舒适度。

4. 字体

字体是界面中信息准确传达的视觉元素，字体的合理运用能够增强信息的层次感，优化用户的阅读体验。字体的运用包含字体的可读性、对比度、间距。

（1）可读性。字体传达信息需精准、明确，其可读性是界面信息设计中最基础的因素之一，也是首要因素。除了使用系统规范字体外，有时还会根据使用场景选择自定义字体或进行字体设计。在使用自定义字体或设计字体时需要考虑字体在产品内的不同模块下是否易于阅读。字体的可读性涉及字体、字间距、行距的设置。

（2）适读性。在保证字体可读性的前提下，还要注意字形的适读性。自定义字体不宜用在篇幅较长的阅读性内容中，尽管它能营造氛围，但因自身的造型个性强，长期使用会出现视觉疲劳，也会因字体本身的造型设计削弱用户在该场景下的正常阅读或信息内容的使用，如图8-38所示。

我是一个大标题　　　我是一个大标题

图8-38　字形适度

（3）优化字间距和行间距。阅读场景下，文字的间距是影响阅读效率的关键。文字的间距包括两部分，第一是横向字与字的间距；第二是纵向行与行的间距。在界面信息设计中，字间距和行间距会直接影响用户的阅读效率。过于紧密的间距会让字体间失去透气性，过大过小的行距也会给阅读带来困扰。通常字间距要小于行间距，以便每一行文字被视为一组。设计师可根据文案长短，字号大小设置适合阅读的字间距，提升用户的阅读体验感。

（4）对比度。为保证信息快速有效地传达，通过字号、字重、字色对比区分不同层级的信息内容，让用户优先获取主要信息。界面内的主文案、一级文案在精简明确的前提下，通常会使用大字号来吸引用户浏览，进而引导用户进入详情阅读，如图8-39所示。

我要学UI设计

UI学习者 2022-03-13 10:21

我要学UI设计我要学UI设计我要学UI设计我要学UI设计
我要学UI设计我要学UI设计我要学UI设计我要学UI设计
我要学UI设计我要学UI设计我要学UI设计我要学UI设计
我要学UI设计我要学UI设计我要学UI设计我要学UI设计
我要学UI设计我要学UI设计我要学UI设计我要学UI设计
我要学UI设计我要学UI设计我要学UI设计我要学UI设计
我要学UI设计我要学UI设计我要学UI设计。

我要学UI设计

UI学习者 2022-03-13 10:21

我要学UI设计我要学UI设计我要学UI设计我要学UI设计
我要学UI设计我要学UI设计我要学UI设计我要学UI设计
我要学UI设计我要学UI设计我要学UI设计我要学UI设计
我要学UI设计我要学UI设计我要学UI设计我要学UI设计
我要学UI设计我要学UI设计我要学UI设计我要学UI设计
我要学UI设计我要学UI设计我要学UI设计我要学UI设计
我要学UI设计我要学UI设计我要学UI设计。

图8-39　字体对比

另外，移动端小于24px的字号应慎重使用，虽然小的字号会让界面的视觉肌理更加精致，但当同一场景下，字号小于24px的文案，会影响用户的正常阅读。但小字号可用于弱化的文字链、标签等字数少的场景，如图8-40所示。

在字号相同的情况下，字重是区分不同层级信息的一种方法，当两个模块的信息区分度不大、界面层级过多时，可以加粗部分内容的字体，建立字体的轻重对比关系，以减少层级，区分信息主次关系。

版面中的黑白关系可以清晰地呈现哪些是重要的信息，哪些是次要信息。同样，在界面设计中，各层级字体间的黑白灰关系也能体现明确的主次关系，良好的界面黑白灰关系会让界面变得更有秩序，更干净清晰。在同组信息中字体颜色明度变化时，应保持色相与饱和度不变，如图8-41所示。

图8-40 字号对比

图8-41 字体颜色明度变化

字体的可读性是界面信息设计的基础，明确的字体对比关系能够让信息层级更加清晰、有条理，合理的字间距与行距能够提升用户的阅读体验。

5. 信息对齐

对齐是界面信息设计中非常重要的一部分，它可以让界面在视觉上更加整齐有序，使界面内的信息变得更规整，传达更明确。无论在视觉形式上还是信息获取过程中，对齐都会让界面信息产生节奏感。

对齐不但可以让同一组合内的不同信息元素产生联系性，也可以让不同信息组件间保持独立性，如图8-42所示。界面中常用的对齐方式有居左对齐、居右对齐和居中对齐。当在文案字数偏多的一些场景下，使用居左对齐更符合用户的阅读习惯，如图8-43所示。居右对齐的方式在界面内一般不会使用，如果界面中存在与右边屏幕建立对齐关系的元素时，就要使用居右对齐。与右屏幕对齐的元素一般为主体的解释说明以及辅助操作等，在购物场景下，当用户阅读完商品主要内容信息后，有对该内容进行操作的需求，如立即购买、进店逛逛、回到顶部等按钮使用右对齐，如图8-44所示，方便右手大拇指进行操作；还有进入淘宝视频直播间，与屏幕右对齐的隐藏、转发、评论、收藏、点赞、用户头像等按钮，如图8-45所示。当界面内容信息较少或因为元素形状，居中对齐可能会带来意外的收获与效果。保持界面的简洁性，同一界面内建立的对齐模式不要过多。

界面中信息的设计是提升界面品质感的关键，而合理的信息层级关系、字体、对齐方式能够让界面的结构更加完整、精致。

图8-42 组件对齐图

图8-43 文案左对齐

图8-44 按钮右对齐

图8-45 直播间按钮右对齐

思考与练习:

1. 理解界面设计的含义。

2. 如何制作情绪板?

3．如何定位界面视觉风格？

4．实战项目：新闻资讯类APP的界面视觉风格确定。

通过制作情绪板，确定产品界面视觉风格，进行界面布局、导航设计及信息结构设计。

第九章　用户界面设计规范的建立

第一节　UI设计规范的建立与构成

一、UI 设计规范的建立

在设计的中后期，设计师需要将所有的设计细节整理成视觉规范，包括一致性的配色方案、一致性的字体设置与版式设计、一致性的视觉风格。建立自己的视觉规范十分必要。

首先，制订视觉规范是保持UI一致性原则的体现。一致性也可以看做UI内容的"模块化"，UI界面就是由若干个定义好的组件构成这种设计，可以最大限度地保持界面风格的统一，便于用户识别及建立品牌形象。

其次，一致性的视觉规范可以提高团队的协作能力，提高工作效率，最大限度地减少设计、沟通及开发成本。

最后，制订标准化的设计规范能让产品适配在不同平台上呈现出视觉的一致性与用户体验的一致性，同时提升品牌形象。

因此，在团队作业时，迫于时间的限制及开发的频繁对接，建立一套明确的视觉设计规范，就可以避免出现各种视觉错误，若一个产品项目不能做到统一规范，后续会产生一系列视觉问题，随着版本的迭代更新，设计规范也要随着产品的迭代进行修改和改善。当然视觉规范不是越全越好，适合自己产品的设计才是最好的。

二、UI 设计规范的构成

一份完整的设计规范由前言和规范内容两部分构成，前言中涵盖文档说明或建立规范的目的、产品风格走向、使用原则、产品定位和目标、遵循规范、设计理念等内容，视觉规范如图9-1、图9-2所示。

设计规范主要包括：色彩、文字、图标、控件、布局或视图、头像、间距、图片等，如图9-3所示。

第二节　建立UI设计规范

一、色彩规范

色彩搭配直接决定产品的品质，应根据产品的调性、目标用户和所要表达的气氛以

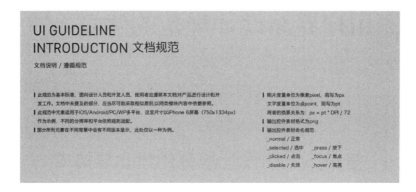

图9-1　文档规范

图片来源：优酷视觉设计规范 – 设计芝士 (cheesedesign.cn)

https://cheesedesign.cn/you-ku-shi-jue-she-ji-gui-fan.html

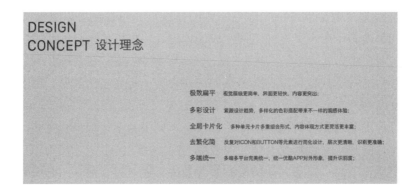

图9-2　设计理念

图片来源：优酷视觉设计规范 – 设计芝士 (cheesedesign.cn)

https://cheesedesign.cn/you-ku-shi-jue-she-ji-gui-fan.html

图9-3　设计规范

及利用色彩所希望达到的目的选择标准色，所以对色彩的运用要格外细致。色彩规范主要表明色彩的色值和使用场景，大致可分为品牌色、文本色、背景色、线框色等，如图9-4所示。在图9-5色彩规范中，每一种色彩不仅标注了色值，还给出了色彩的

图9-4 标准色规范

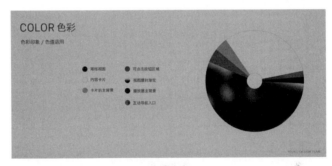

(a) 色彩印象

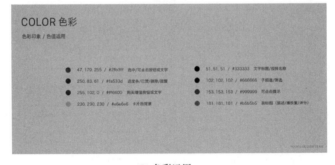

(b) 色彩运用

图9-5 色彩规范

使用场景。如果产品有夜间模式的话，要额外注明日间和夜间模式下各种颜色的对应色值。

二、字体规范

文字是APP中最核心的信息传达元素之一，每个产品都有自己的字体规范。文字规范包括文字大小、颜色及使用的场景，如图9-6所示。

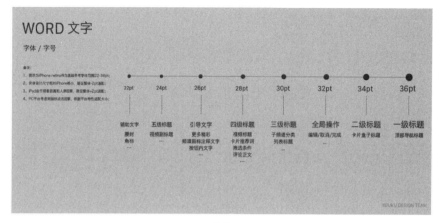

(a) 字号

(b) 标准字

图9-6 标准字规范

图片来源：优酷视觉设计规范–设计芝士 (cheesedesign.cn)

https://cheesedesign.cn/you-ku-shi-jue-she-ji-gui-fan.html

三、图标规范

图标规范包括图标大小、圆角大小、描边粗细、使用场景、配色、视角选择、质感表现及图标的绘制规范。保持统一模块或统一功能类型图标的大小、风格的一致性，还要对图标normal、selected、disabled、loading状态下的大小、色彩等进行说明，如图9-7所示。

四、控件规范

控件包括按钮、下拉框、选择框（单选/复选框）、时间选择器、输入框、搜索框、进度条、分页器、提示框、警告框、表格、弹出面板、数字步进器、选项卡等。在界面中控件的复用率很高，所以相同功能的控件样式保持统一。

控件按钮在不同的使用场景下，其大小、颜色有所不同，样式、文字排版则需要保持统一。

(a)

(b)

图9-7　图标规范

需要规范按钮的宽度和高度、边框色、圆角值、按钮文本大小及颜色值。此外，按钮有四个状态：默认（normal）、点击（pressed）、选中（selected）、不可点击（disabled），需要在规范中分别罗列出这四个状态，标注对应的填充色，如图9-8~图9-10所示。

在下拉框中需要规范按钮的三种状态，分别是默认状态、展开状态和选中状态，如图9-11所示。

单选框和复选框的按钮都需要规范默认、选中和按下三个状态，如图9-12所示。

输入文本框是移动端软件产品设计必不可少的组件，文本输入框有三个状态，默认状态、输入状态和校验状态，如图9-13所示。

五、布局或视图规范

设计规范中可以提供一级界面和次级界面的布局模板来保证同类产品间的一致性，为保

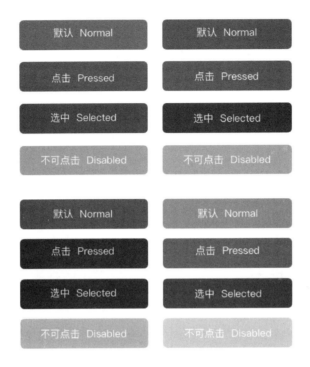

图9-8 按钮规范

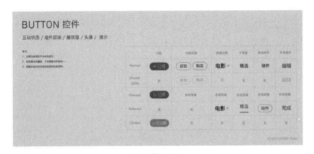

(a) 组件层级

(b) 播放器

图9-9 控件规范

图片来源：优酷视觉设计规范-设计芝士 (cheesedesign.cn)

https://cheesedesign.cn/you-ku-shi-jue-she-ji-gui-fan.html

03 按钮
button

重要按钮

执行重要操作浮动在屏幕地步的按钮,入注册登陆、确认、下单、搜索等

默认　　　　45　　　　默认

填充:#FAAF19　文字颜色:#FFFFFF　　填充:#EEEEEE　文字颜色:#373C64

按下　　　　　　　　　按下

填充:#BE7F01　文字颜色:#FFFFFF　　填充:#CCCCCC　文字颜色:#373C64

不可点击

填充:#E5E5E5　文字颜色:#AAAAAA

图9-10　重要按钮规范

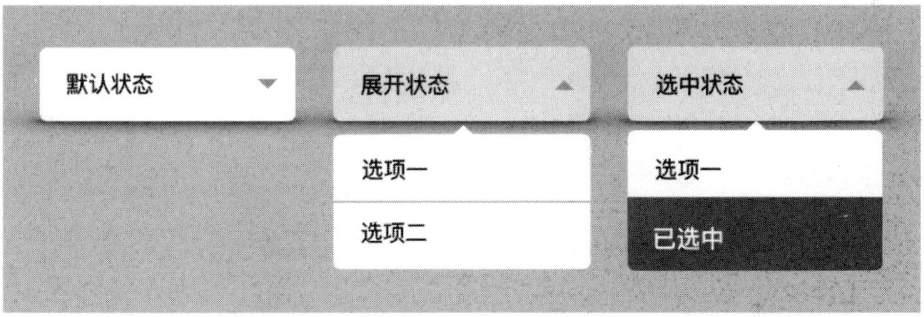

默认状态▼　展开状态▲　选中状态▲
选项一　选项一
选项二　已选中

图9-11　下拉框规范

单选按钮　　　　　　　　**复选按钮**

请选择当前状态▽　　　　请选择当前状态

○ 默认状态　　　　　　　□ 默认状态
○ 默认状态　　　　　　　□ 默认状态
◉ 已选状态　　　　　　　☑ 选中状态
○ 默认状态　　　　　　　□ 默认状态
　　　　　　　　　　　　□ 默认状态
　　　　　　　　　　　　□ 按下状态
　　　　　　　　　　　　□ 默认状态

清除　　　　　　　　　　显示结果

图9-12　单选框和复选框的按钮状态

127

证界面信息布局的统一性及易读性，需要统一界面中的边距，规范行间距，注意行间距数值不宜过多，如图9-14、图9-15所示。

图9-13　文本框规范

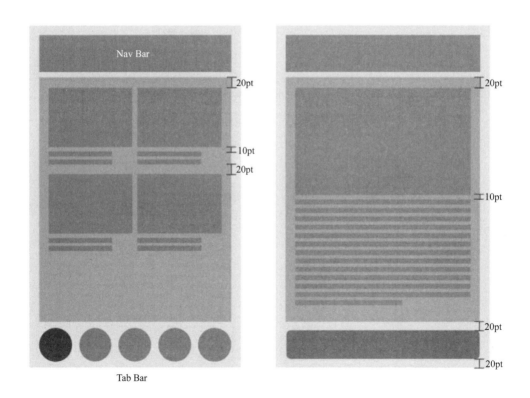

图9-14　布局规范

图片来源：如何建立一套 UI 设计规范？-知乎(zhihu.com)

https://www.zhihu.com/question/29936125/answer/833294257?from=singlemessage

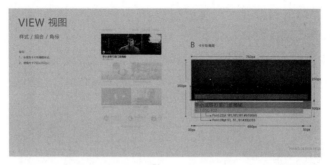

(a)

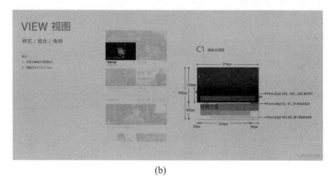

(b)

图9-15　视图规范

图片来源：优酷视觉设计规范 - 设计芝士 (cheesedesign.cn)

https://cheesedesign.cn/you-ku-shi-jue-she-ji-gui-fan.html

六、头像规范

头像规范包括头像使用的大小及使用的场景，如图9-16所示。

个人中心　　　　个人资料　　　消息列表　　　帖子详情　　　帖子列表
120px×120px　　96px×96px　　72px×72px　　60px×60px　　40px×40px

个人中心　　　　个人资料　　　消息列表　　　帖子详情　　　帖子列表
120px×120px　　96px×96px　　72px×72px　　60px×60px　　40px×40px

图9-16　头像规范

七、间距规范

间距规范包括段落行间距和文本左右间距。

为了让字段信息更易读，会对不同字号的段落样式进行设定，例如在字号为34px的文本中，行间距通常为20px，而字号为32px的文本行间距通常为18px，如图9-17所示。

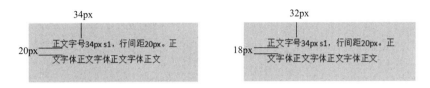

图9-17　文字字号与间距规范

为了让页面舒服和统一，通常会对界面文字信息的四周做间距规范，从而保证内容信息的规整性和易读性。在移动界面的设计中，一般会采用上下左右间距为30px的大小来进行设定，如果想要更多的留白可以扩大间距，但最大间距不要超过40px，不然会降低页面的使用率，浪费空间，如图9-18所示。

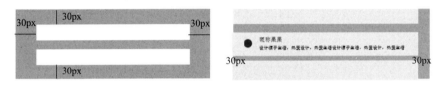

图9-18　文字上下间距规范

八、图片规范

图片作为界面设计的重要组成部分，需要标明图片的尺寸比例、圆角大小、风格、用途等，如图9-19所示。

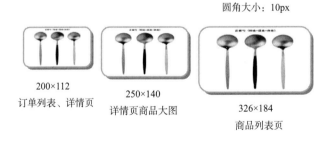

图9-19　图片规范

设计规范的最终目的是保证产品视觉风格的一致，团队中的每个成员都是规范的执行者，保证设计规范被每位设计师理解并应用，才不枉费用大量的时间和精力去制订编撰设计规范，只有这样，设计规范才能被真正执行到位。此外，设计规范也不是一成不变的，当现在的设计规范已经无法适应产品需求变化时，就要随着产品的迭代来修改和改善。

思考与练习：

1．理解UI设计规范的意义。

2．实战题：新闻资讯类APP的视觉规范建立。

整理新闻资讯类APP的视觉设计规范，以PPT或文档、图片的格式保存传阅。

第十章　切图、标注及输出

第一节　IOS与Android两大系统的适配

切图与标注是设计师最终的输出产物，更是为了给开发人员一个准确的规范，减少开发过程中的误判，开发人员会根据标注的尺寸来实现，并将界面中的切图按照标注的大小嵌套进去，最大限度地还原设计效果图。本章主要讲授IOS与Android两大系统的适配、输出切图标注文件包及在切图与标注中需要关注的知识点。

为了降低设计、开发成本与保持多平台体验的一致性，UI设计师会以IOS系统的设计稿作为基准，在切图与标注时出一套IOS的效果图、标注图及切图，分别应用到IOS和Android两个系统中。这样做可以高效地完成两大平台的适配工作，减少人力成本。先前的产品原型图与效果图、切图、标注都要交给开发人员，原型图可以给开发人员展示每个模块的位置，不需要精确的尺寸。在UI设计评审时需要提交视觉效果图，有利于产品、研发、设计师三方沟通，三方确认后，程序员就可以根据标注的数值开发界面，将界面中的切图按照标注的尺寸套嵌进去。在开发过程中，一套IOS的界面切图与标注如何适配到Android系统里呢？首先要搞清楚iPhone屏幕与Android手机屏幕的关系。

UI界面的效果图以iPhone 6的尺寸来设计，然后适配到iPhone 6 Plus（1242px×2208px）的尺寸。Android主流的xhdpi的尺寸是720px×1280px，xxhdpi的尺寸是1080 px×1920px，通过尺寸关系可以看到iPhone 6与xhdpi的手机屏幕分辨率基本相同，如图10-1、图10-2所示，所以这两个尺寸下的界面可以共用一套切图和标注。

在设计师同时为Android和IOS系统做适配时，先以一套效果图进行开发，然后根据换算比例进行适配。可以通过公式换算出dp与px的关系，便于理解切图适配的问题，首先在IOS开发中，规定以ppi=163，dpi=163作为开发基准，当ppi=163，dpi=163时，1pt=1px；当ppi=326，dpi=163时，1pt=2px；当ppi=401，dpi=154时，1pt=3px；推出其换算公式为pt=（ppi/ dpi）px。以上是pt与px的换算，再看dp与px的换算关系，在Android系统中，规定以dpi=160为开发基准，当dpi=160，基准dpi=160时，1dp=1px；（注：IOS中的dpi指开发像素密度，Android中的dpi即dot per inch，表示像素密度，类似于IOS开发里的ppi）。当dpi=240，基准dpi=160时，1dp=1.5px；当dpi=320，基准dpi=160时，1dp=2px；推出换算公式为dp=（dpi/160）px。

设计效果图时以iPhone 6（750px×1334px）做设计稿，标注单位为px，所对应的Android手机的720px×1280px，dpi为320，套用公式dp=（dpi/160）px后，开发人员会除以2换算成dp

图10-1　两大系统屏幕分辨率的关系

（iPhone 8与iPhone 8 Plus屏幕分辨率约是1.5倍的关系，xhdpi与xxhdpi的屏幕分辨率也是1.5倍的关系）

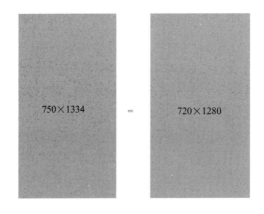

图10-2　iPhone 8与xhdpi屏幕分辨率基本相同

进行开发，也就是说标注为180px的图片，除以2以后，换算成90dp，即180px=90dp。

通过两个平台单位的换算关系，可以发现两个系统完全可以共用一套效果图，只要输出两套切图就可以同时适配到Android和IOS系统。

第二节　切图与标注

一、切图

切图是整个项目中必不可少的一个环节，是设计师最终的设计产物。设计需要将切图文件整理好交给开发人员。在切图之前，设计师首先要清楚哪些对象需要切图，哪些对象可以通过代码开发出来，然后进行切图。通常情况下文字与模块样式背景效果不需要进行切图，只需要标注字号、色彩与模块的宽度、高度与色彩。需要切图的是图标、不规则的图形与Banner。总之，只要是无法用代码来实现和表达出来的对象，就需要切图，或者多与开发人员沟通，他会告诉你哪些是需要切图的。

切图需要输出IOS和Android两套切图，两套切图的方式有一些区别，IOS中可直接用切图工具输出@2x和@3x切图文件包。Android中需要输出三个尺寸的hdpi、xhdpi、xxhdpi的切图文件包。导出前需要注意检查切图是否存在半像素、毛边等问题，保证像素对齐，这样才能有效避免上线后界面上的图标出现虚边现象。此外，开发人员还需要掌握Android系统中的点九切图法。

为方便开发，需要对切图进行英文命名，如按钮切图btn-xxxx@2x、btn-xxx@3x；图像切图img-xxx@2x、img-xxxx@3x；背景图切图bg-xxx@2x、bg-xxx@3x。在对图标切图进行命名时，需要区分不同的状态，后缀为_press和_disabled，如button切图命名，btn-xxx-pressed@2x、btn-xxxx-pressed@3x。

二、Android系统中的"点九"切图法

IOS系统使用十进制色值，Android系统使用16进制，IOS系统可以绘制圆角和阴影，Android系统更倾向于用".9.png"等。"点九"切图是Android系统开发中用到的一种特殊的图片格式，文件名以".9.png"结尾，例如icon@2x.9. png。这种切图方式可以将图片进行拉伸，保证图片的清晰度，做到自适应，实现在不同分辨率的屏幕上可以完美展现。一些根据内容长度、高度变动的图形，如聊天气泡、不规则可伸缩图形都需要用到"点九"切图，以保证图片拉伸后的效果，还要限制切图大小和数量。图10-3是一张Android系统中的典型点九结构图。

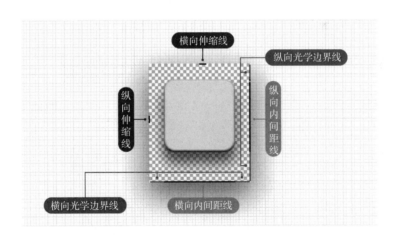

图10-3 点九结构图

图片来源：点九图完全解析<附官方工具>-教程-UICN用户体验设计平台

https://www.ui.cn/ detail/290941.html

（一）伸缩线详解

图10-3中横向与纵向伸缩线标注了切图内的拉伸区域或收缩区域。一般来说，点九图越小越好，因此切图尺寸都要小于控件尺寸，当出现切图尺寸大于控件尺寸的情况时，切图

会根据伸缩线进行缩小。例如在图10-4中，左侧为测试所用的三色点九图，右侧为测试程序的展示效果，从实验的结果得出以下结论：当切图拉伸时，仅伸缩区会被拉伸；当切图收缩时，首先伸缩区会被收缩，当伸缩区缩小到0之后，切图整体继续收缩。

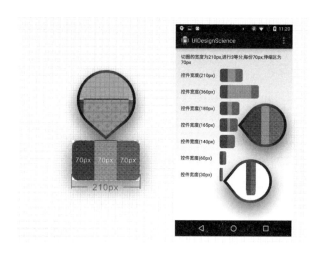

图10-4　伸缩线详解图

图片来源：点九图完全解析<附官方工具>-教程-UICN用户体验设计平台

https://www.ui.cn/ detail/290941.html

伸缩线支持多段标注，可以同时拉伸或缩放切图中的多个不相邻区域。从图10-5的实验结果可以看到每个区域的拉伸或放缩长度与本区的伸缩标识线长度成正比。

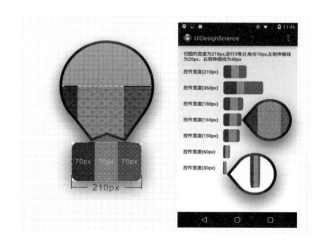

图10-5　伸缩效果

图片来源：点九图完全解析<附官方工具>-教程-UICN用户体验设计平台

https://www.ui.cn/ detail/290941.html

纵向的伸缩标识线原理和横向伸缩标识线的原理一致，此处就不再赘述。

（二）内间距线详解

内间距线标注的是控件的内间距，不是点九图的内间距，所以，内间距线跟点九图本身并没有直接的联系。在图10-6中，点九图的横向伸缩线与横向内间距线没有重叠，这种情况下这张图是否可以正常显示？

如图10-7所示，首先看左侧图，在text view背景下点九图显示的切图拉伸区是正确的，再观察右侧的标注图，可以发现横向内间距线的左端到切图左端的距离为控件的左侧内间距值（70px）；同样，横向内间距线

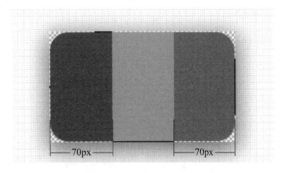

图10-6　内间距线详解

图片来源：点九图完全解析<附官方工具>-教程-UICN用户体验设计平台　https://www.ui.cn/ detail/290941.html

的右端到切图右端的距离为控件的右侧内间距值（也是70px）。虽然内间距线也可以画为多段，但是系统只关心最左端和最右端的位置，所以多段内间距线是没有任何意义的，那么纵向内间距线同横向内间距线原理一样。

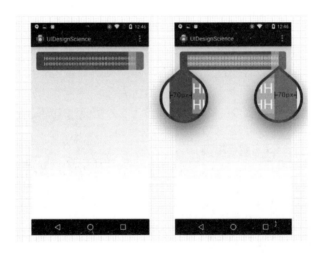

图10-7　内间距线拉伸效果

图片来源：点九图完全解析<附官方工具>-教程-UICN用户体验设计平台

https://www.ui.cn/ detail/290941.html

点九图中的内间距线，只有在没有指定padding属性时才会在代码中生效，但这不代表可以忽略点九图中的内间距线。因切图会被多次复用，为避免开发疏忽造成某些布局中忘记指定padding属性，点九图中的内间距线是切图被正确显示的最后一道保障，如图10-8所示。

（三）光学边界线详解

光学边界布局（optical bounds layout）是在Android 4.3中引入的一种新的布局对齐方式。光学边界又称视觉边界，图10-9是一个带有投影的蓝色按钮切图。在视觉上，此图形的外轮廓是蓝色按钮所占区域，而不是切图实际所占区域。光学边界线标注的位置为投影的位置，

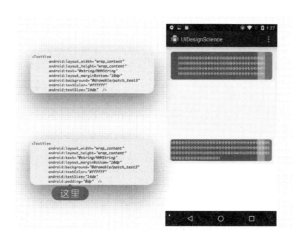

图10-8　内间距线

表示此区域在视觉上不可察觉。

　　光学边界会导致布局结构复杂化，而且可以实现的视觉效果也有限，大家稍作了解即可，技术成熟时再深究不迟。如图10-10所示，左侧是开启光学边界的效果，右侧是未开启光学边界的效果。

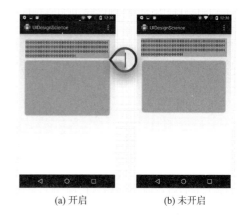

(a) 开启　　　　(b) 未开启

图10-9　光学边界线　　　　　　　图10-10　光学边界效果

　　点九图的制作有四个硬性要求，只有满足了这四点，点九图才可以被正确识别。

　　第一点：名称格式必须正确：文件名称.9.png，否则不会被识别。

　　第二点：上下左右各留有1px的标识线区，此区内不能有半透明像素（特别注意：切图若有投影，不要泄漏到标识线区）。

第三点：伸缩标识线与内间距标识线为不透明的纯黑色（#000000），光学标识线为不透明的纯红色（#ff0000）。

第四点：点九图的特殊结构会导致其四个顶角处成为"绝对禁区"，这四个1像素×1像素的区域内不能有任何内容，如图10-11所示。

点九切图工具除了上面提到的Cutterman，还可以使用PS、Draw9Patch.bat、Ninepng九图神器进行点九切图。使用PS需要手工增加四周各1个像素，区域颜色值必须是透明色

图10-11　点九图中的禁区

图片来源：点九图完全解析<附官方工具>-教程-UICN用户体验设计平台　https://www.ui.cn/ detail/290941.html

（#00000000）或黑（#FF000000），一旦混入其他颜色将无法正常显示，还有一点PS切图无法实时预览，让设计师很难考量如何去适配目前Android众多的机型。使用Draw9Patch.bat进行切图，使用前计算机要安装Java环境。Ninepng是一个专门处理点九图操作简单的工具APP，直接用手指拖动就可以修改点九图，还可以设置文字等信息，有实时预览效果的功能。

三、标注

IOS标注以px为单位进行标注，数字最好为偶数，Android的标注以dp为单位。

页面需标注文字、尺寸、间距、颜色四种属性的内容。

（1）文字。需要标注文字的大小、字体、颜色、透明度、行高等，当然也可以和开发人员进行沟通，对一些已明确的内容进行删减。在某些场景下文字的标注需要注意，例如标题文字过多的时候，就需要给出字符数量的极限规范，字符数超过极限值就用打点的方式处理。

（2）布局控件。需要标注控件的宽高、背景颜色、透明度、描边、圆角大小。

（3）列表。需要标注列表高宽、列表颜色、列表内容上下间距。

（4）间距。需要标注控件之间的距离、左右边距。

（5）段落文字。需要标注字体大小、字体颜色、行距。

（6）全部属性。如导航栏文字大小，文字颜色、左右边距、默认间距等。

切图标注工具有Mac版的Sketch插件Measure，适用于Windows系统的Pxcook、Markman、Parker。设计师可以使用Cutterman工具一键切出hdpi、xhdpi、xxhdpi三个尺寸的图，而且还可以切出"点九图"。此外，Photoshop、Sketch、Illustrator皆可直接导出icon。

四、切图与标注的输出

通常设计师会将切图和标注会分别输出3个文件包，包括Android切图包、IOS切图包和一个标注图文件包。

适配到IOS系统中的文件包中，目前只需要@2x和@3x两种切图，如图10-12所示，我们把@2x切图和@3x切图文件包放在一个文件下。适配到Android系统中的文件包中，切图需要切三个尺寸：hdpi、xhdpi、xxhdpi。

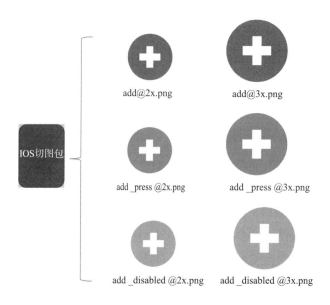

add@2x.png add@3x.png

IOS切图包

add_press @2x.png add _press @3x.png

add _disabled @2x.png add _disabled @3x.png

图10-12　IOS中不同状态的切图包

此外，常见控件命名及状态的命名方式也是设计师在输出文件时重要的一项工作，否则会给开发人员带来问题，见表10-1、表10-2。

表10-1　控件命名

控件	命名	控件	命名
图标	Icon	图片	Img
背景	Bg	列表	list
菜单	Menu	栏	bar
工具栏	toolbar	标签栏	tabbar

表10-2　按钮状态

状态	命名	状态	命名
默认	Nomal	单击（按下）	press
选中	selected	不可点击（置灰）	disabled

在Android的切图文件包中，就不用对切图添加后缀了，但需要分开整理不同分辨率的切图。

思考与练习：

1. 理解IOS与Android两大系统的适配关系。

2. 对淘宝首页界面进行标注与切图，按要求分别输出适配IOS系统的（@2x图和@3x图）切图文件包，适配Android系统的（hdpi、xhdpi、xxhdpi）切图文件包，标注图文件包，注意文件命名符合规范。

3. 实战题：新闻资讯类APP的切图与标注。

按要求输出适配IOS系统的切图与标注图，并提供高保真界面效果图。做好各文件的命名，整理成文件包。